KYOTO
UNIVERSITY
PRESS

藤田和生

動物たちのゆたかな心

学術選書 022

心の宇宙 4

京都大学
学術出版会

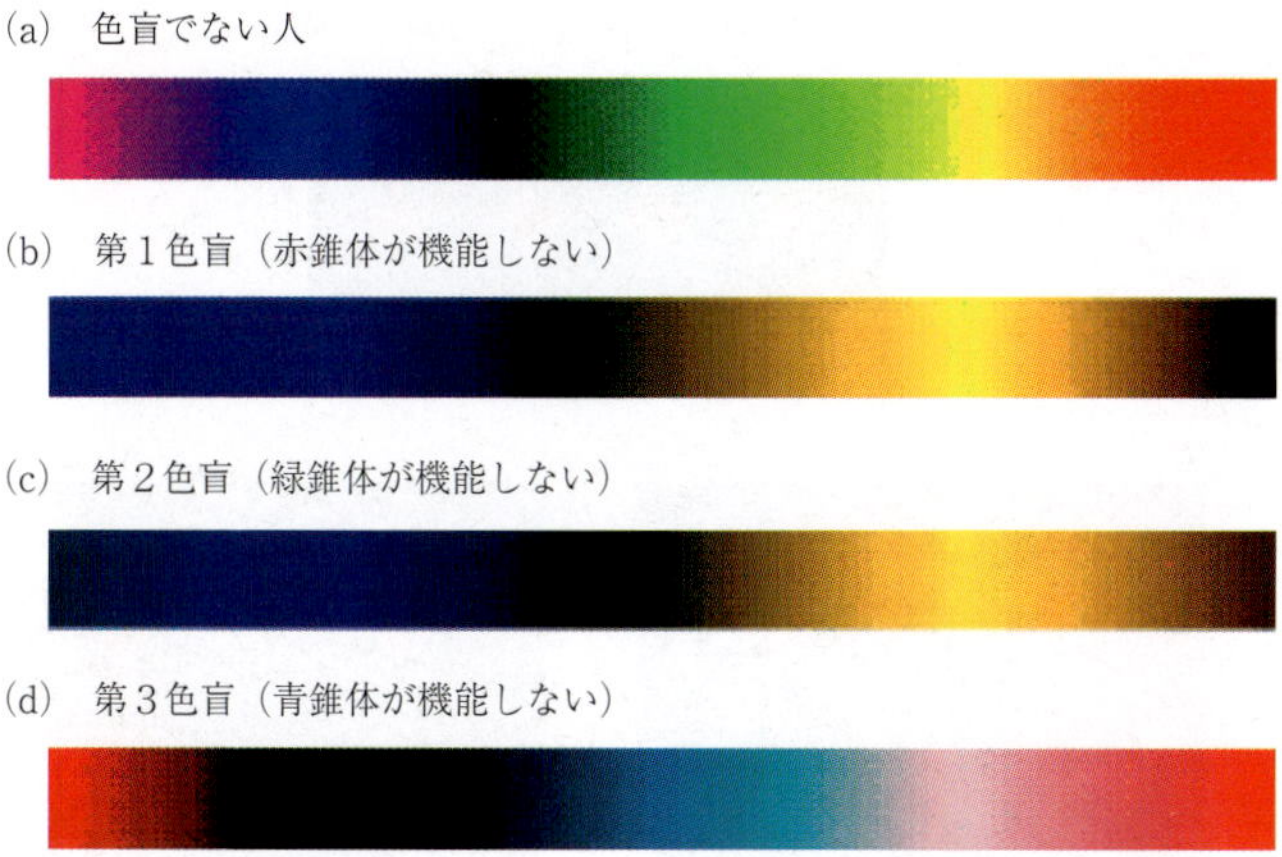

図１-１●さまざまな色覚を持つヒトから見たスペクトルの色印象のシミュレーション（http://www.nig.ac.jp/color/barrierfree/barrierfree2-2.html より引用）。(a)３色型のヒトから見た色。(b)赤錐体が機能しない２色型（第１色盲）のヒトから見た色。青錐体と緑錐体とが等量興奮するところは、中性点と呼ばれ、無彩色と区別が付かない。(c)緑錐体が機能しない２色型（第２色盲）のヒトから見た色。青錐体と赤錐体が同じだけ興奮するところは、第１色盲同様に中性点となるが、赤錐体・緑錐体の興奮のピークがずれていることによって、微妙に中性点の位置が変わる。(d)青錐体が機能しない２色型（第３色盲）のヒトから見た色。本文６頁。

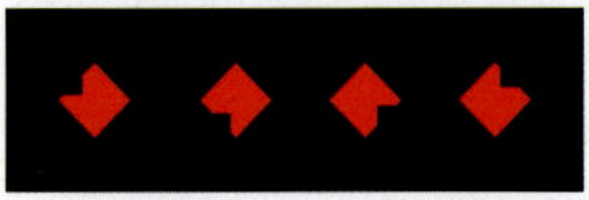

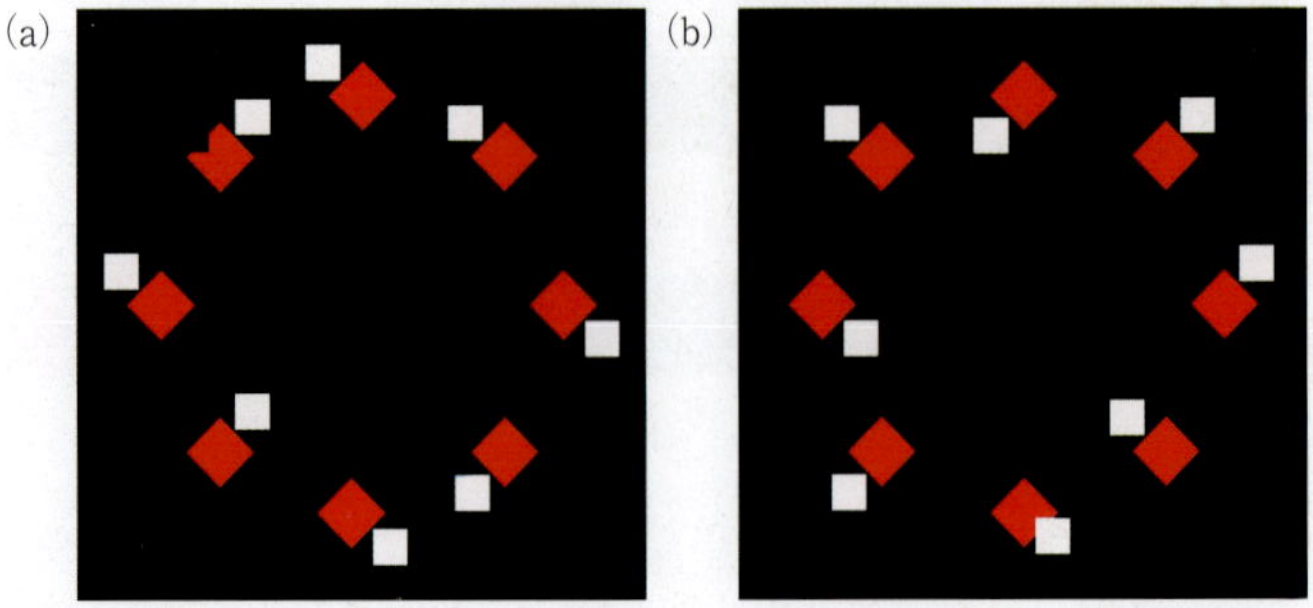

図１－９●(a)と(b)から上の４つの切り欠きのあるダイヤモンドを見つけてみよう。この作業は、(a)では簡単だが、(b)では難しい。われわれの知覚系が白い正方形で「隠された」部分を自動的に補間してしまうからである。本文 20-22 頁。

図2-5●ベルベットモンキー　本文47頁。（撮影：藤田和生）

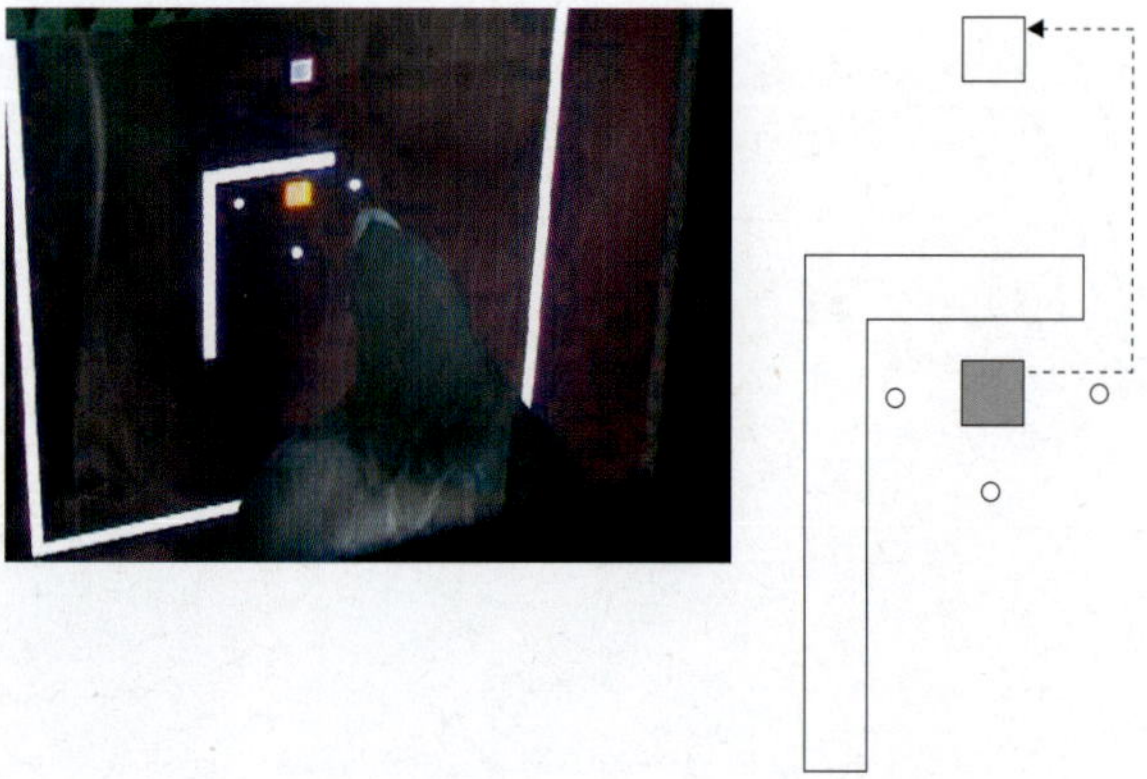

図2-9●迷路課題遂行中のハトの様子　本文 61 頁。（撮影：宮田裕光）

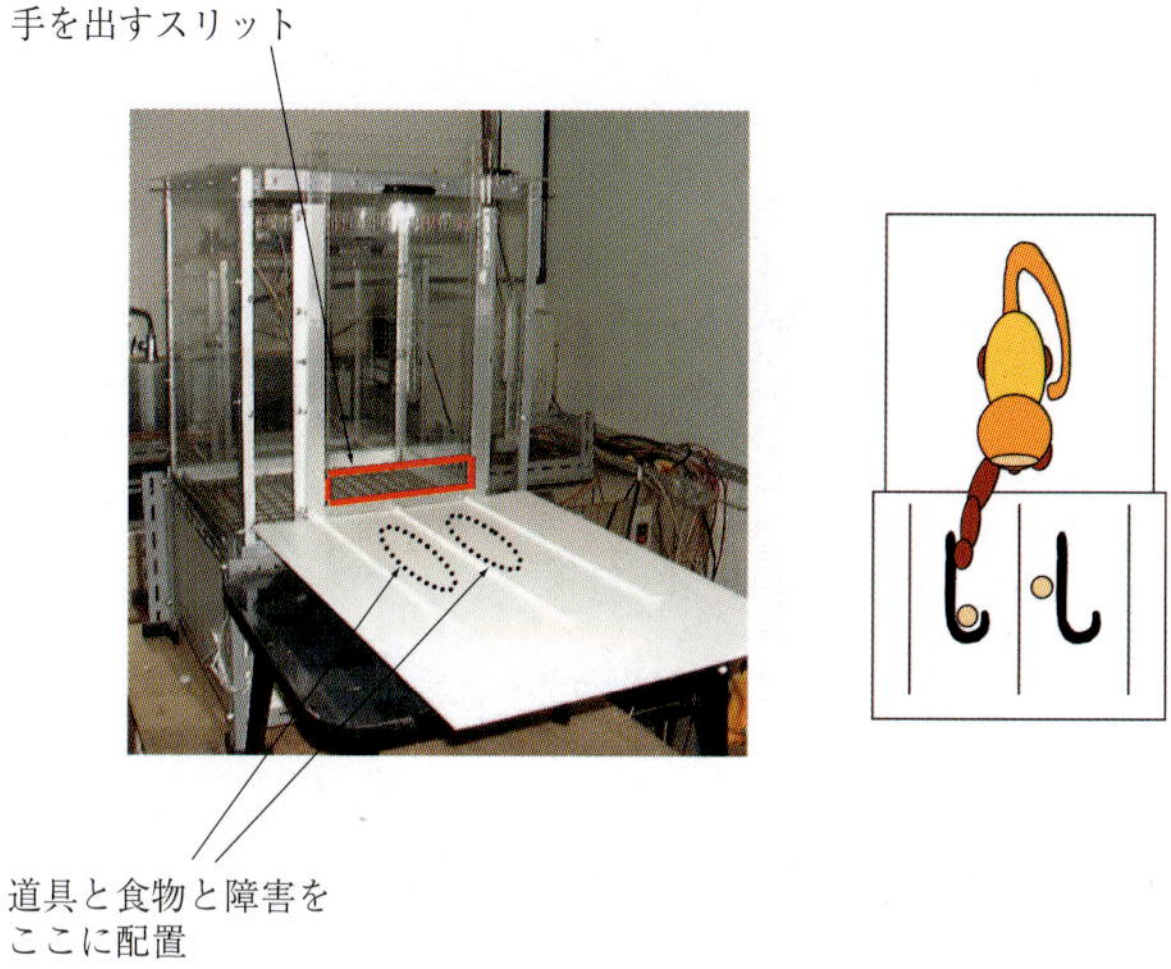

図2-12●フサオマキザルの道具選択課題テスト用の装置とサルの行動の模式図　本文69頁。

(1)　実験者が３つのうちどれかのカップに食物を隠す

(2)「知っている」人は、全カップをのぞく

(3)「知らない」人は、全カップに触れる（(2)と(3)の出現順序はランダム）

(4)　同時にサルにアドバイスする

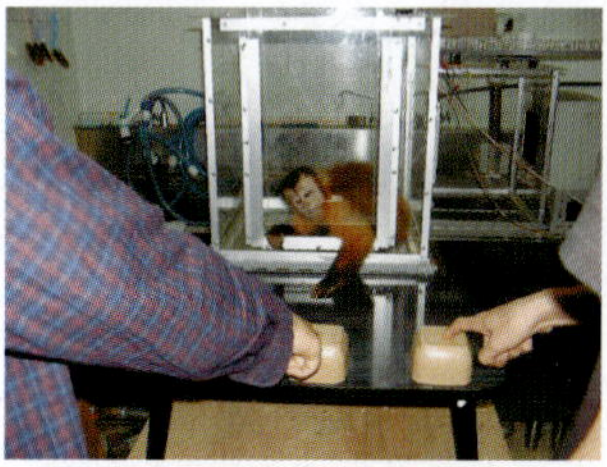

(5)　サルがカップに手を伸ばす

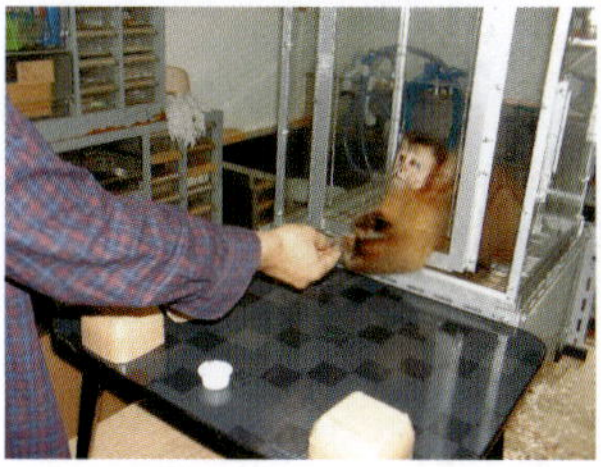

(6)　正解ならカップの食物が与えられる

図3-5●フサオマキザルによる他者の知識状態の認識に関する実験手続き。1試行の流れ。本文121頁。（撮影：黒島妃香）

図 2-13●ナッツをハンマーで割る半野生フサオマキザル　本文 70 頁。
（撮影：藤田和生）

動物たちのゆたかな心◉目　次

まえがき

イヌを五頭、ネコを一頭飼っている。動物が好きだ。家で仕事をしていると、誰かが必ず膝に乗ってくる。しびれが切れてくる。うっとうしいなあ、と思いつつも、いなくなると別の誰かを呼び寄せて、体をなでながら仕事をしている。ほとんど中毒症状だ。

でも世の中には私よりもウワテな人はいくらでもいる。イヌやネコなどの、いわゆるペットあるいはコンパニオンアニマルといわれる動物だけではない。ヤギやウマなどの家畜、イルカやクジラ、アザラシなどの身近な哺乳動物や、見た目もさえずりも美しい小鳥などはもとより、カメやヘビやイモリ、サンショウウオなどに心を奪われる人もたくさんいる。ネオンテトラなどの熱帯魚の光り輝く群れや、ジンベイザメ、マンタなどの悠然と泳ぐ魚たちを見ても、われわれの心はなぐさめられる。

動物は人の心をなごませてくれる。なぜなんだろう。

ヒトはジンベイザメと数多くの社会的接触を持ってきたわけではない。特別深い関係があるわけでもない。ネオンテトラもそうだ。動物が人の心をなごませてくれるのは、たぶん人類がアフリカの大地に立ち上がるはるか前に、その心に刻み込まれた母なる自然への愛着の表れなのだと思う。特に自分たちが「自然を克服して」作りあげた人工的な環境で疲れ切ったわれわれにとっては。

私は動物たちの心を主として行動実験と行動観察を通じて研究している。この仕事は文句なしに楽しい。うちの研究室の地下には、サルやネズミなどのほか、いろんな動物が飼育されている。彼らはいわゆるペットではない。しかし毎日触れあっていると、単なる愛着以上のものを感じるようになってくる。何かしら、ヒトと動物の間に共有の空間が生まれるという感覚と言えばわかってもらえるだろうか。そこにはやはり心のふれあいというものを感じるのである。

そうした動物たちのことをもっと知りたい。彼らにはこの世界はどう見えているのか、何を知っているのか、どんなことを考えているのか、どんな気持ちでヒトと接しているのか、これらのことがわかればどんなに楽しいだろう。

一七世紀のフランスの哲学者デカルトは、動物は本能のままに生きる自動機械であると考えていた。理性を持つのはヒトだけだと考えたのである。しかし今日では、「下等な」とさげすまれる無脊椎動物も、さまざまな学習をすることがわかっている。五〇年ほど前には、道具を作り、使うのはヒトだけだと言われていた。現在ではチンパンジーなどの霊長類だけではなく、進化的にはヒトから遠く離れたカラスの仲間も必要に応じて道具を加工することが知られている。ヒトだけの特徴だと思われた言語についても、チンパンジー、ゴリラ、オランウータンやイルカ、オウムなどが多様な言語的技能を習得できることが示されたし、文化に関しても、野生チンパンジーやオランウータン、ニホンザル、カラスの仲間などが、それに近いものを持つことが示されている。いまや最後の砦とも思われる意識や内省といったものの存在までが、複数の動物種で示唆されている。

地球上には数千万種の動物がいると言われている。私たちはまだ動物たちの心の世界についてほとんど知らないと言ってよい。しかし確実に言えることは、それがおそらく私たちが思っていた以上にゆたからしいということである。この本では、少しずつ明らかにされてきた動物たちの心の世界を、平易な言葉で読者に伝えたい。

動物たちの心をめぐる旅はそれ自身楽しい世界旅行だが、少し堅苦しくいうと、こうした学問分野は「比較認知科学」と呼ばれている。比較認知科学は、「ヒトを含めた種々の動物の認知機能を分析し比較することにより、認知機能の系統発生を明らかにしようとする行動科学（文献26）」である。わかりやすくいえば、さまざまな動物の心を知り、心の進化を明らかにしようとする学問である。

心の進化を明らかにするためには、本来ならば恐竜や三葉虫などの過去の動物の心を分析しなければならないのだが、心のはたらきは、足跡や遺跡や壁画のようなごくわずかな例外を除いて、基本的に後世に残らない。したがって、タイムマシンやジュラシックパークができるまでは、現生の動物たちの心を分析して相互に比較し、その過去を再構築するしか手がない。

注意してほしいのは、比較認知科学の目的は「心の進化」を明らかにすることであって、「ヒトの心の進化」だけを標的に据えているのではないことである。それぞれの動物種の心は、四〇億年近くの進化の歴史を持つものとして等価である。違いはあってもそれは優劣ではない。サルの心もイヌの心も、スズメの心もミミズの心も、多様に進化した心の一つとして対等である。ヒトの心は、おそらく種の数だけある多様な心の一つの形に過ぎない。

心が多様に進化したのであれば、心の研究はその全ての心を対象にすべきなのではないだろうか。われわれはヒトなので、「われわれの心はこうだけれど、他の動物はどうかな」というように、ヒトのできることやヒトの行動的・認知的特質を中心に、ものを考えがちである。コウモリの超音波レーダーや、エレファントノーズなどの電気魚の電場による環境認識、紫外線や偏光を感知できるミツバチや鳥類などの世界は、かろうじてヒトの想像力が及ぶ範囲だった。しかし本当はわれわれの想像もつかないような認知的世界に生きている動物もいるのかも知れない。いや、きっといるはずだ。ヒトの認知世界や知性が唯一絶対・究極のもので、進化の頂点であるなどという考えは、無知をさらけ出す以外の何ものでもないかも知れない。

この本の読者には、そうした人間中心主義から脱却してほしい。翼もないのに空を翔け、宇宙空間に足跡を広げ、遺伝子にまで操作を加えるヒトは、確かに進化の奇跡かも知れない。しかしそれでもなおかつヒトの心は多様な心の一つに過ぎないのである。ヒトの知性は地球上に存在する知性の多くのものを包含しているかも知れない。しかし、それは決して全てではないと思う。

なお、本書では一つ新しい試みをしてみた。それは「類人」という用語である。これまでチンパンジー、ボノボ、ゴリラ、オランウータン、テナガザル類は「類人猿」と称されてきた。ヒトに似たサル、という意味である。しかし、実際にはヒトと「類人猿」の遺伝的距離は、「類人猿」とそれ以外の「サル」との遺伝的距離よりもはるかに近く、少なくとも霊長類研究者は、「類人猿」のことを決してサルとは呼ばない。ヒトに似た存在で、かつサルではないなら、私は「類人」という用語がふさわしいと思う。慣れるまでは違和感があると思うが、これが定着し、チンパンジーのことを「サル」などと呼ぶ人がいなくなることを願いたい。

さあ、ではこれからさまざまな動物たちの心をめぐる旅へとご案内しよう。

動物たちのゆたかな心

第1章 動物たちから見える世界

公園や庭にやってきたチョウや鳥やネコたちを見てみよう。彼らにはこの世界はどう見えているのだろう。これを想像することは楽しい。色とりどりの花は同じように色づいて見えているのだろうか。さまざまな形の違いは見分けられるのだろうか。ねぐらに帰るカラスたちにも、夕陽は大きく見えているのだろうか。

この章では、こうした基本的なものや色の認識について紹介したい。

1 動物たちの色の認識

我が家にカラーテレビが入ったのはいつのことだったろうか。それまでは、力道山も、鉄腕アトムも、東京オリンピックも、すべて白黒で見ていた。丸いブラウン管テレビで、しょっちゅう真空管がいかれて、そのたびに電器屋さんに修理に来てもらっていた。そうこうするうちに、画面が暗くなってほとんど見えなくなり、テレビにひさしをつけて、掘りごたつで暖を取りながら、ぼんやりした画面を一家で目をこらしながら見ていたのを憶えている。

白黒であっても顔もわかるし動作もわかる。ストーリーも追える。しかし、それに色がついた時の感動はかなりのものだった。われわれは色から驚くほどたくさんの情報を得ている。カラーテレビやカラー写真があたりまえになった今日、たまに白黒写真を見ると、そのコントラストの美しさに思わず見とれてしまうこともあるけれど、新聞や雑誌のカラーページの訴求力は、白黒とは比べものにならない。動物たちはどうなのだろう。

色はなぜ見えるか——色覚の基礎

動物たちの話に進む前に、まずなぜ色が見えるのかを簡単に述べておこう。

光はラジオ放送やテレビ放送を運ぶ中波、短波、超短波などの電波、電子レンジで食品を加熱するために使われるマイクロ波、レントゲンでおなじみのX線などと同じ電磁波の一種で、その波長がおおむね三八〇〜七八〇ナノメートル（nm、一〇億分の一メートル）のものである。マイクロ波とX線の間の波長だ。波長の短いものから順に、紫、藍、青、緑、黄、橙、赤に見える。これは光のスペクトルと呼ばれている。三八〇ナノメートルよりも波長の短い光は紫外線、七八〇ナノメートルよりも波長の長い光は赤外線と呼ばれている。

電磁波には色はついていない。それが色づいて感じられるのは、われわれの目の網膜上に、異なった波長の光に対してよく感じる複数の視細胞があるからである。視細胞には大きく分けて桿体と錐体という二種がある。桿体は、分解能は低いが感度は高く、主に暗い場所で働く細胞である。超高感度の白黒フィルムといったところだろうか。他方錐体は、感度は高くないが、分解能がよく、明るい場所でよく働く細胞である。色覚を受け持つのは錐体である。

ヒトの場合、錐体には三つのタイプがあり、おおむね橙、黄緑、青に感度のピークを持つ。これは視細胞内の色素（視物質）の違いで生じ、それぞれ赤錐体、緑錐体、青錐体と呼ばれている。三つの錐体は、紫から赤までの光に対して、それぞれ異なった興奮を示す。例えば橙色の波長の光の場合には、赤錐体は激しく、緑錐体は中くらいに興奮するが、青錐体はほとんど興奮しない。こうした興奮のパターンの違いが中枢神経系に伝えられて、色の印象が決まる。

全ての錐体が同じだけ興奮していると色は見えない。無彩色に見える。太陽光には全ての波長の光が含まれていて、全ての錐体を同じように興奮させるので、そのままでは色づいて見えない。それらが空気中の細かな水滴によって屈折することで分けられ、波長の順に並んだ帯に見えるのが虹である。またパソコンやテレビ画面の白は、赤、緑、青の三原色が等量混ぜられて作られている。よく目を近づければ、三つの色が点灯しているのがわかるだろう。

このようにして得られる色覚は、三種類の錐体で決まるので三色型と呼ばれている。三色型は、スペクトル内の全ての色を区別するために必要な条件である(図1-1(a)、カラー口絵i)。

さまざまな動物の色覚

三色型は哺乳類の中では例外的な色覚で、イヌやネコなどの身近な動物は、みな錐体が二タイプしかなく、二色型である。ヒトで言えば部分色盲にあたる。色が見えないわけではない。二色型でも二つの錐体の興奮パターンの違いから多くの波長の区別はつけられるが、二つの感受器の興奮度合いが等しくなる特定の波長は色づいて見えない。この波長は中性点と呼ばれている(図1-1(b)、(c)、(d)、カラー口絵i)。哺乳類の中で三色型をグループとして実現しているのは旧世界ザル(狭鼻猿類、コラム03参照)と呼ばれるアジア・アフリカに住む霊長類の仲間だけである。ニホンザルやアカゲザル、チンパンジーやゴリラなどは、みなヒト同様に色がよく見分けられる。

ところが、哺乳類以外の動物に目を転じると、三色型どころか、四色型、五色型、などの色覚を持つものがたくさんいる。例えばアゲハチョウの複眼には赤、緑、青、紫、紫外に吸収のピークを持つ五種の視物質がある。モンシロチョウも同じである。いずれも紫外線が見える。ミツバチは緑、青、紫外にピークを持つ視物質を持つ。赤はあまりよく見えないが、やはり紫外線が見える。

これらの動物では紫外線が見えることに重要な意味があるようだ。例えばヒトの目には均一な色に見える花であっても、紫外線を通してみると中心部分だけ著しく色が異なる花がある。こうした花から蜜を吸うとき、色を手がかりにできれば、花の形全体から蜜のありかを探り出すよりずっと作業は容易だろう。また、モンシロチョウは、われわれの目には簡単にオスメスの区別はつかない（図1-2ⓐ）。しかし実は紫外線を通してみると（図1-2ⓑ）、背面の羽の色がオスとメスでまったく違い、メスは白いがオスは黒い。だからモンシロチョウのオスにはキャベツ畑で戯れるお目当ての「女の子」が一目で見分けられるのである。

哺乳類を除く脊椎動物でも色はよく見え、赤、緑、青、紫付近に感度のピークを持つ視物質を一つずつ、計四つ持っているのが基本である。鳥類は紫外域にピークのある視物質を持つ種も多い。ハチドリやスズメ、ハトその他で確認されている。多色刷りの美しい外見は、色がよく見えるからこそ繁殖の手がかりとして意味がある。

哺乳類は夜行性動物として爬虫類との共通祖先から分岐したときに、赤物質と紫物質以外を失い、二色型になってしまったと考えられている。ちょうどそれに対応するように、哺乳類の外見は実に地味である。白・黒・茶色、あとは濃いか薄いかだ。自分たちに見分けられないのに派手な色彩をまとうのは、ずっと色のよく見える捕食者にわざわざ居場所を教えるようなものである。地味な色彩には立派な理由がある。

例外は霊長類である。霊長類のうち、オマキザルやリスザルなどの新世界ザル（広鼻猿類、コラム03参照）は、メスの一部が三色型を取り戻した。オスメスともに三色型になったのは、前述の旧世界ザルのグループだけである。実際この仲間にはマンドリルやモナモンキー、キンシコウなど、派手な色彩の種が多い。しかし赤物質の変形を「緑」物質として使っているので、赤と緑の二つの視物質のピークはよく似ている。そのため、ヒトは橙から黄緑あたりまでは細かな色の区別がつくが、緑や青あたりは広い範囲で同じような色に見える。われわれは確かに多色刷りの世界を楽しんでいるが、それはそれほど自慢できるものではない。地球上にはずっと彩り豊かな世界を楽しんでいるだろうと思われる動物がたくさんいるのである。

図1-2●紫外線を通してみたモンシロチョウのオスとメス（小原、2003、p. 39より引用）。普通の方法で撮ったモンシロチョウ(a)と紫外線で撮ったモンシロチョウ(b)。

2 形の認識

視覚に依存した動物にとって、形を見分けることは死活問題である。そうでなければ仲間の顔かたちも捕食者も食べ物も見分けられない。動物はどのようにさまざまな形を見分けているのだろうか。ヒトにとって似て見える形は動物にとってもそうなのだろうか。

おそらく進化的には、全体の形というよりは、きわめて局所的な特徴を見分けるシステムが最初にできたのだろうと思われる。例えば繁殖期、イトヨ（トゲウオ）のオスは、腹部がでっぱった粗雑なメスの模型に対して、求愛のジグザグダンスを開始する。セグロカモメのヒナは、適当な模様のある、鉛筆のような先のとがった模型に対して、給餌をねだる行動をする。またカマキリは、適当な距離に、適当な大きさの、長い体軸方向に動く物体が現れると、それがコンピュータのスクリーン上の図形であろうと、カマを掛けて捕食しようとすることも、最近明らかにされた（文献108）。こうした刺激は解発刺激（リリーサー）と呼ばれており、動物種に生得的にそなわっているもので、単純なしかけだけれども、自然環境では多くの場合うまく作動するように作られたシステムである。

アルファベット文字はどう見えるか

生き方や行動が複雑になれば、そうした単純な手がかりに依存したシステムには限界が来る。そうした動物たちには、より一般的な形を認識するシステムがそなわっている。

例えば、米国ブラウン大学のブラウという研究者は、ハトが英語のアルファベット文字の違いをどのように認識しているかを調べた（文献5）。ハトを実験用の箱に入れる。前面の壁に三つのキー（押しボタン）がついている。キーの下には報酬の食物を提示するしかけが取り付けられている。三つのキーのそれぞれにアルファベット文字が一個ずつプロジェクタで提示された。そのうち二つは同じ文字で、一つだけ異なる文字がある。この一つだけ異なった文字のキーをつつくと、ハトは報酬を手に入れることができた。

この課題では、組み合わされた二つの文字がハトにとって簡単に見分けのつくものであった場合には、正しい選択反応の割合（正答率）は高く、逆に見分けの難しいものであった場合には、正答率が低くなるだろうと考えられる。全ての文字の組合せをテストして、その正答率をもとに、多次元尺度構成法と呼ばれる数学的処理をして二六の文字を平面上に並べると、WとM、PとR、TとLなどヒトの目にもよく似て見える文字は互いに近い場所に並んだ。つまりハトとヒトは、こうした文字の類似性をよく似た基準で認識しているということである。同様の実験はチンパンジーでもおこなわれている。こちらもよく似た結果が得られている。

ないものが見える——主観的輪郭

ヒトは優れた形認識システムを持っているが、さまざまな場面でだまされる。例えば図1-3を見てほしい。白い三角形が浮き上がって見えるだろう。しかし黒い部分を覆ってみればわかるように、実はどこにも三角形はない。幻の三角形だ。心理学ではこれを主観的輪郭とか錯視的輪郭と呼んでいる。心が見る三角形とでも言えばいいだろうか。

ところで、主観的輪郭が見えるのはヒトだけだろうか。

ブラヴォーら（文献10）は、上下に動く四角形に反応するようにネコを訓練した。次いで、図1-4のように切り欠きのある円盤をたくさん配置し、この円盤の向きを一斉に変えて、主観的に形成された四角形が上下に動いて見えるようにした場合(a)と、そうならない場合(b)とを比較した。するとネコは、四角形が上下に動いて見える刺激に反応したという。

ニーダーとワグナー（文献66）は、メンフクロウが別のタイプの主観的輪郭を知覚することを示している。彼らは、多数の平行線の上に置かれた四角形と三角形の弁別をフクロウに訓練した。訓練後、実図形の代わりに、図1-5のように平行線の位相をずらして、主観的輪郭で構成される図形を提示したところ、フクロウはこれをすぐに弁別できたという。

図1-3●主観的輪郭。存在しない白三角形が見える。

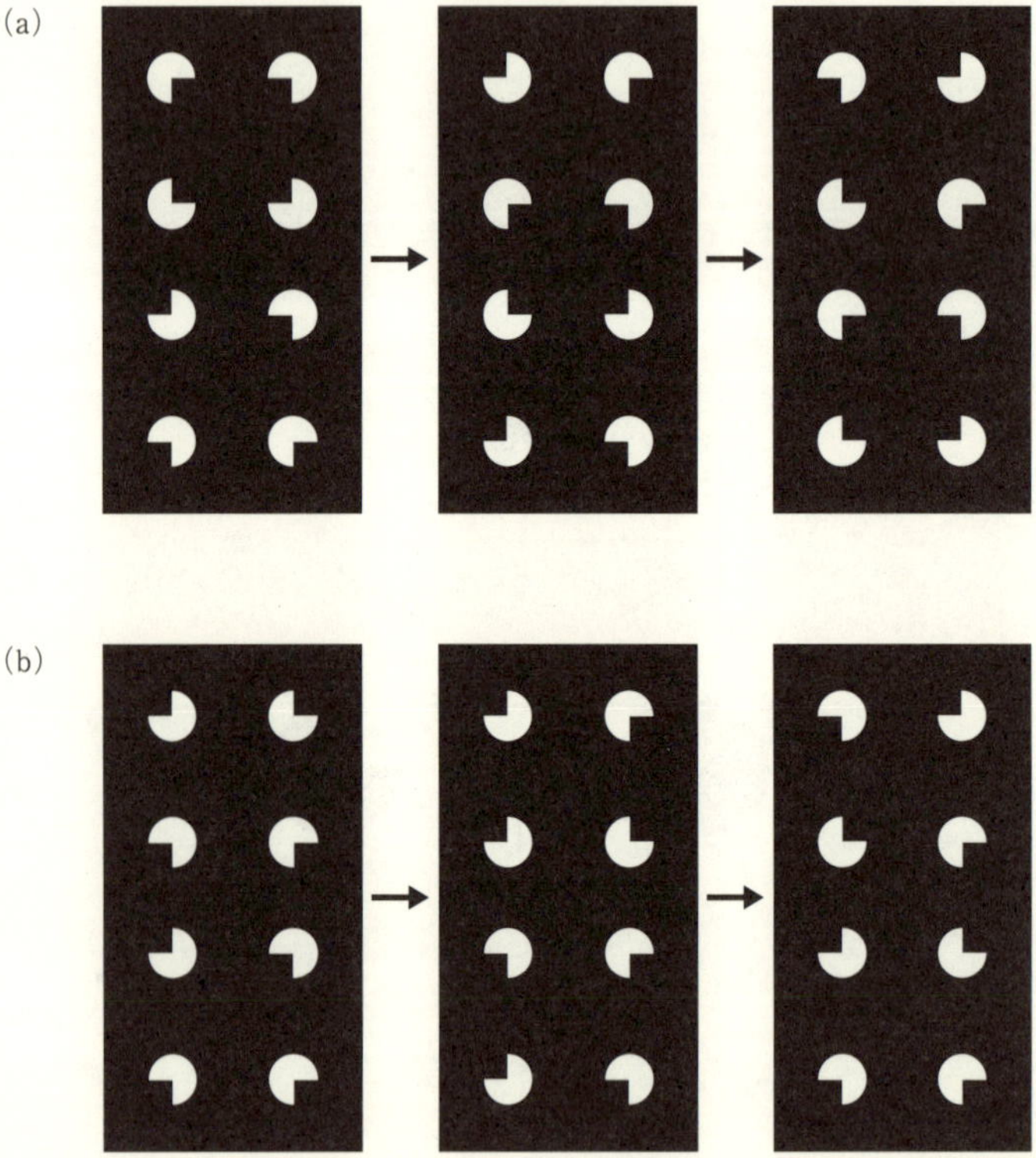

図1-4●ブラヴォーらが用いた、ネコの主観的輪郭の知覚を調べるための刺激の例（Bravo, Blake, & Morrison, 1988 をもとに描く）。(a)黒い四角形が上から下へ動いて見える。(b)黒い四角形は見えない。

図1-5●ニーダーとワグナーが用いた、メンフクロウの主観的輪郭の知覚を調べるための刺激の例（Nieder & Wagner, 1999 をもとに描く）

主観的輪郭の知覚を示唆する結果はニワトリのヒヨコ、リスザル、アカゲザル、チンパンジーでも得られており、多くの動物で共通に見られる現象であるらしい。神経科学的にも比較的低次の中枢（第二次視覚野）で生じる現象であることが示されている。

ゆがんだ世界——錯視

われわれの目がだまされる別の楽しい事例は、さまざまな錯視図形である。図1-6に代表的なものを示した。例えば(a)の図は、最もよく知られたミュラー・リヤー錯視と呼ばれるもので、二つの水平な線分（主線）の長さは両図形で同じなのだが、内向きの矢印（>-<）をつけられた方は外向きの矢印（↔）をつけられた方よりも圧倒的に長く見える。(b)はポンゾ錯視と呼ばれるもので、屋根のように収斂する線の頂点に近い場所に置かれた線分は、遠い場所に置かれたものよりも長く見える。(c)はツェルナー錯視と呼ばれるもので、縦方向の線分は全て平行であるが、短いタイヤの跡のようなヒゲがあると交互に上下に収斂して見える。ウソだと思うのなら、本を持ち上げて下の方から見てほしい。(d)はエビングハウス錯視と呼ばれるもので、中央の円盤の大きさは同じだが、周囲に小さな円盤を配すると、大きな円盤を配した場合に比べると圧倒的に大きく見える。

動物たちも同じようにだまされるのだろうか。

(b)ポンゾ錯視について、ハト、アカゲザル、チンパンジーで調べてみた（文献24、25、28、29）。図

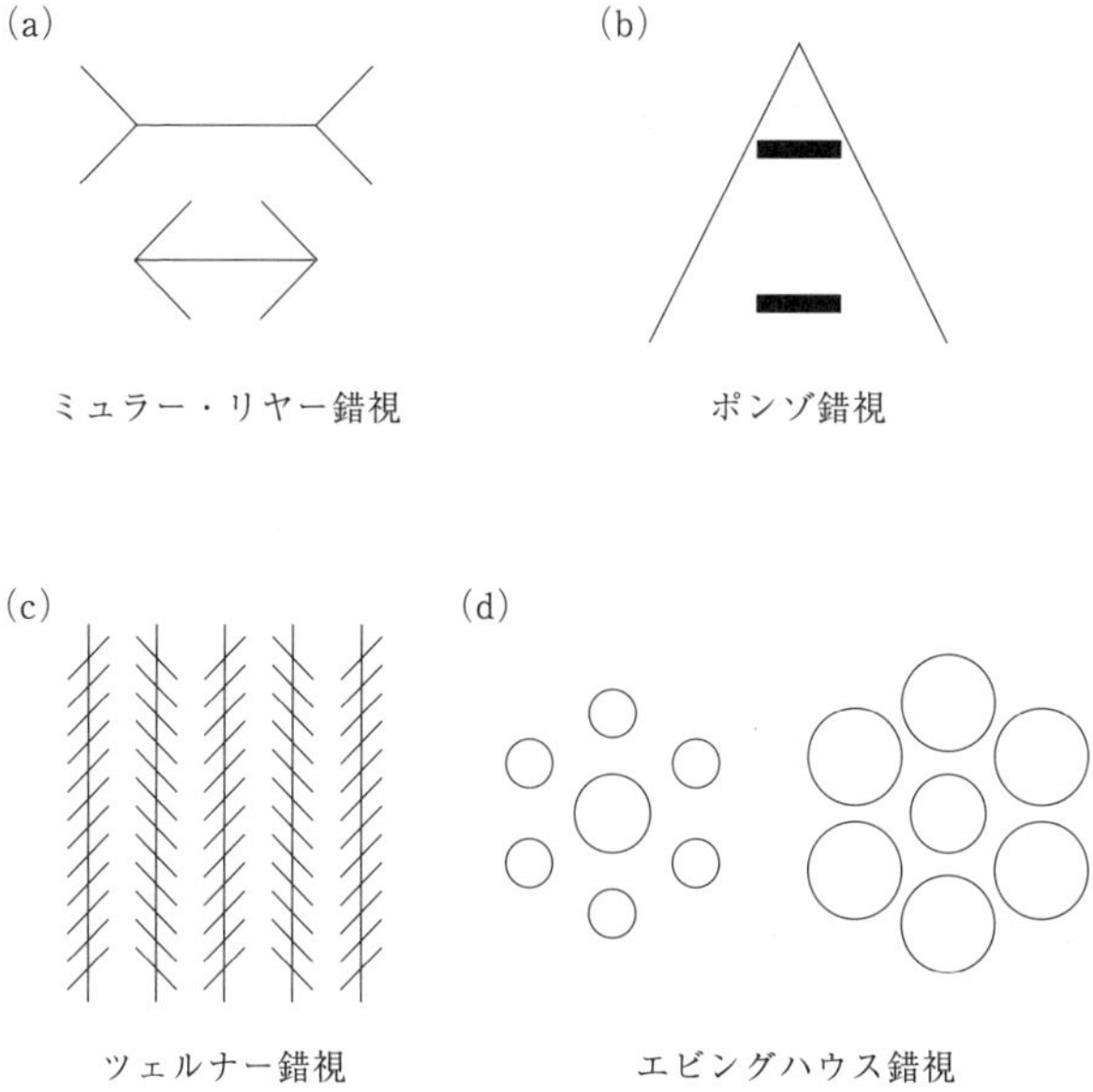

図1-6●代表的な錯視図形

1－7(b)のように、山形線分の中に水平線分を一個だけ置いて、これを長いか短いかに分類する課題を、動物に訓練した。六つの長さの線分のうち、三つは「長い」、残る三つは「短い」に分類しなければならない。「長い」時には画面上の一方のキー、「短い」時には他方のキーを触ることが正解である。これを十分に訓練した後、水平線分と山形線分の頂点の距離を図1－7(a)と(c)のように変えた図形を提示し、「長い」「短い」の分類がどれくらい歪むかを調べた。もしヒトと同じように頂点に近い線分が長く見えるのなら、頂点と水平線分の距離が近い場合(図1－7(a))には、「長い」という判断が増え、遠い場合(図1－7(c))には減るだろうと考えられる。結果はまさにそうなった。つまりこれらの動物はみなポンゾ錯視を知覚する。また、ほぼ同じ方法で調べたところ、ハトはミュラー・リヤー錯視を知覚していることもわかった(文献63)。ツェルナー錯視については、アカゲザルでその知覚が示されている。

まさか！――見え方の種差

これらの事柄から、数多くの動物で基本的な図形の認識はよく似ているように思われるかも知れない。しかし他の側面では、びっくりさせられるほど種によって異なる見え方もある。

例えばエビングハウス錯視(図1－6(d))だが、中村哲之らと共同で、これをハトで調べてみたところ、全くヒトとは逆の傾向が示された(文献64)。円盤の大きさを大小に分類する課題を訓練した後

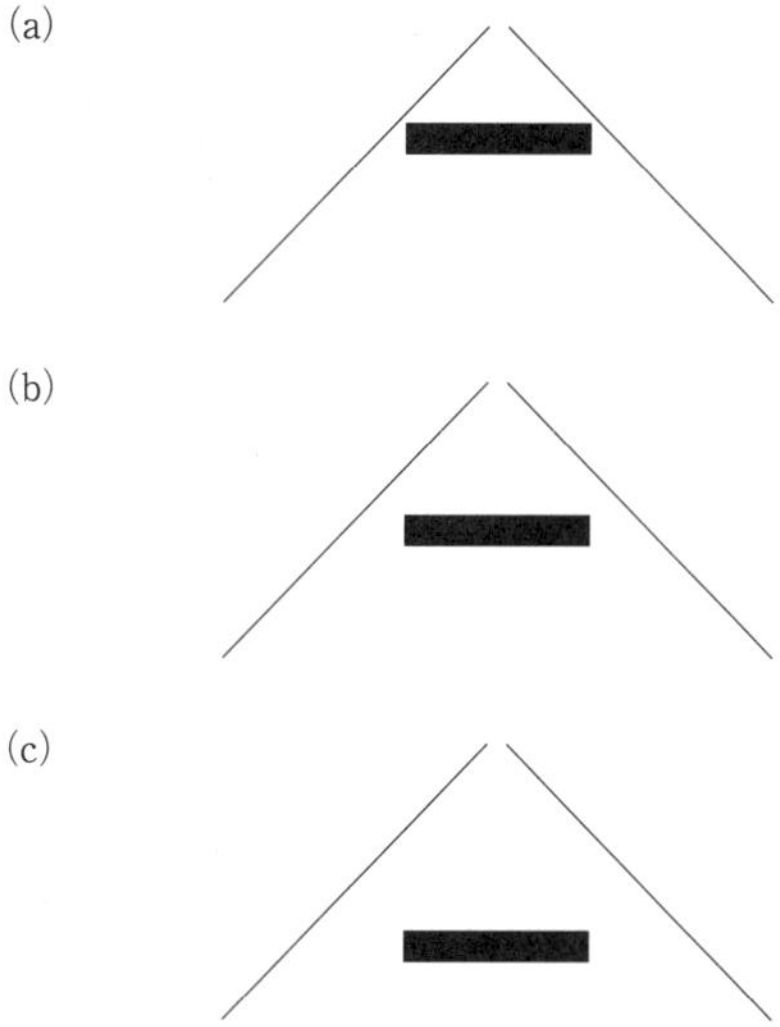

図1－7●藤田ら（Fujita, Blough, & Blough, 1993 ; Fujita, 2001 他）の動物のポンゾ錯視知覚を調べる実験で使われた刺激の例

に、周囲に大きな円盤あるいは小さな円盤を配置した図形でテストすると、大きな円盤があるときには中の円盤の大小の分類がより大きい方にずれ、小さな円盤があるときには小さな方にずれるのである。つまり小さな円盤に囲まれた円盤はより小さく、大きな円盤に囲まれた円盤はより大きく知覚されるのだ！　ヒトの目から見ると、にわかには信じられないような結果である。だが調べた五羽全てで同じ結果だった。

ヒトは図1-8のような図形を見ると、帯の背後に一本の棒があると認識する。これは四ヶ月の乳児でも生じる知覚で、物体の一体性知覚と呼ばれている。ところが、ハトに帯で隠されていない一本の棒と二本の棒を、それぞれ一本の棒と二本の棒に合わせることを訓練した後に、帯で隠した図形を見せると、ハトは二本と答えるのである！（牛谷智一らとの共同研究、文献99）同じことをフサオマキザルにさせてみると、ヒトと同じように一本と答える（文献30）。こっちの方は納得だ。鳥類はみなハトと同じなのかというとそういうことはなく、ニワトリのヒヨコではこうした刺激を一本の棒と認識することが示されている。

見えないからといってモノがなくなるわけではない。「補間する」、すなわち隠された部分を補って認識することは極めて重要な働きで、われわれヒトには、それが生じないハトの知覚系は不適応を起こすのではないかとすら思えてしまう。しかしそれはたぶん違っている。例えばこの知覚的補間と呼ばれる働きがあるがためにうまくできない作業もあるのだ。図1-9(a)（カラー口絵ii）を見てほしい。

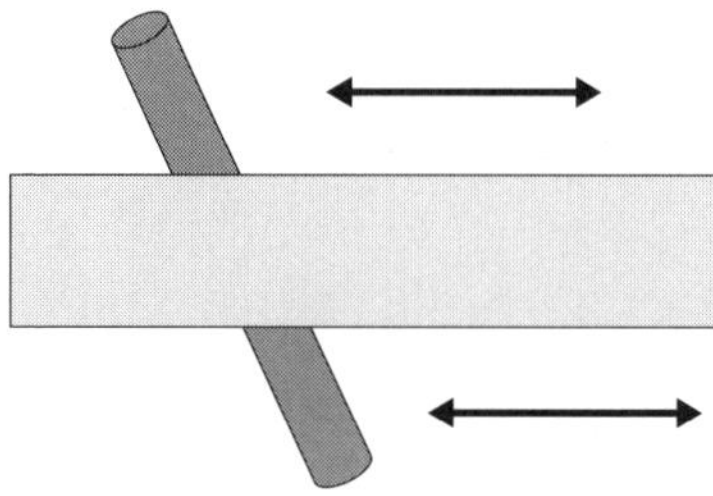

図1-8●知覚的補間の例。物体の一体性知覚。

この中から切り欠きのあるダイヤモンドを見つけてみよう。これはとても簡単だ。今度は図1-9(b)（カラー口絵ii）を見てほしい。この中から同じく切り欠きのあるダイヤモンドを見つけてみよう。今度はずっと難しいだろう。これはわれわれの知覚系が、白い正方形で「隠された」部分を自動的に補間してしまうからである。切り欠きのあるダイヤモンドが、勝手に完全なダイヤモンドと認識されてしまうのである。ところが、この作業をハトにやらせると、何の苦もなくやってのける。ハトは「隠された」部分を補間せず、「ありのままに」図形を認識するために、その妨害効果を受けないのである（文献33）。

ちなみにハトは、部分的に隠された穀物の写真を見ても、隠れた部分を補間しないことも分かった。さまざまな写真の中から穀物だけを選んでつつけ、という課題を訓練した後に、完全な穀物、羽で部分的に隠された穀物、隠された部分を切り取ったいびつな形の穀物をまぜて画面上に提示すると、完全穀物の次につついてくるのはいびつな穀物なのである（文献98）。ヒトの目には羽で隠されたものの方がずっと穀物らしく見えるのだが。

こうした認識の違いがあるのは、ヒトと系統的に遠く離れた種だけではない。例えば図1-10(a)(c)の図形を見ると、ヒトは上に置かれた横棒の方が長いと知覚する。そしてこの効果は図1-7(a)(b)(c)のポンゾ錯視よりも強い。ところが、チンパンジーで調べてみるとこの効果はポンゾ錯視と同じ強さである。アカゲザルで調べると、不思議なことに図1-10の図形では全く錯視が生じない（文献25）。

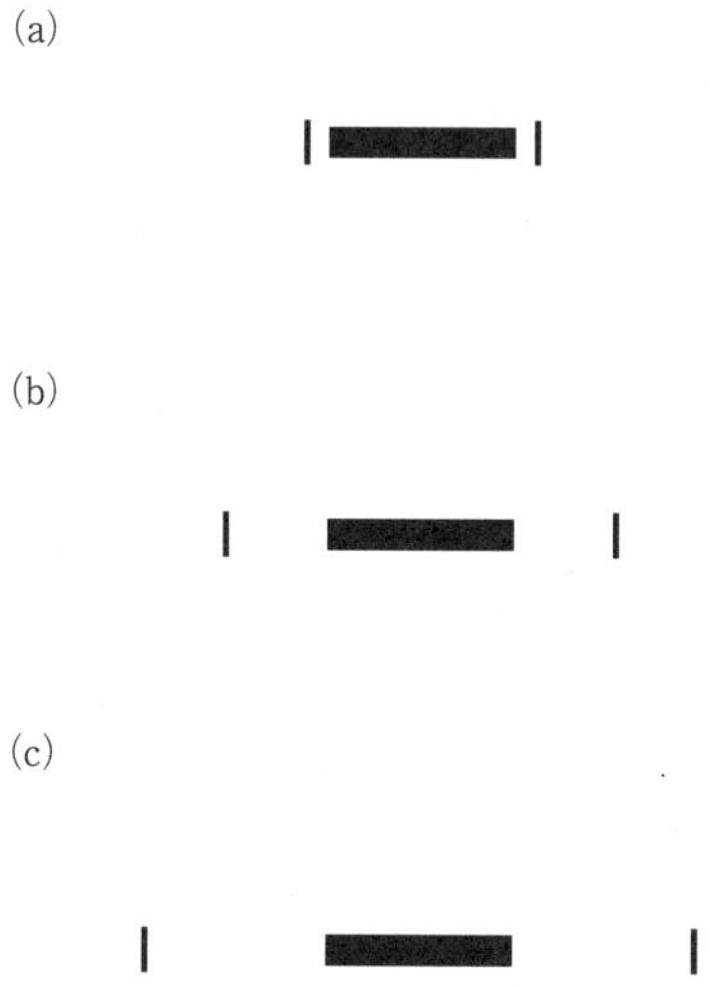

図1-10●藤田（Fujita, 1997；2001）の動物のポンゾ錯視知覚を調べる実験で使われた刺激の例

今度は図1－11を見てみよう。左側の(a)から一つだけ異なったものを見つけ出すのは簡単だ。しかし右側の(b)ではうんと難しい。どちらの図でも、マルと四角の違いを見つける作業をしているのは同じだ。ヒトは全体的な形状を局所的な形状よりも優先的に処理する傾向を持っているのである。全体優先効果と呼ばれている。

しかしフランス国立科学研究所のファゴらによると、同様の作業をギニアヒヒとチンパンジーにやらせると違う結果になる（文献21、23）。刺激全体の大きさと要素図形間の距離を変えても、ヒトでは常に全体が異なるときに反応時間が速かったが、チンパンジーでは要素間の間隔が広くなると、局所的な特徴で見分けるときの反応時間が速くなった。ギニアヒヒでは基本的にどの条件でも局所的特徴の方が得意であったが、要素間の間隔が狭くなると、全体と局所の差が見られなくなった。ヒトは他の動物種よりも全体的処理を優先させる傾向がうんと強いのである。

このように、同じ霊長類の中でも図形の認識のしかたには大きな違いがある。われわれの目から見ると「なぜ？」と思われるような異なった認識が、他の動物にはしばしば見られるようである。なんで？　とか、こいつらアホか？　とか、あり得ない！　などと思ってはいけない。大切なことは、これらの認識はその動物が長い進化の歴史を通じて培ってきた独自のものだということを理解しておくことである。例えばハトは隠された部分を補間しないが、これは「欠陥」なのではなく、ハトの生活にはおそらくこれが適しているのである。鳥類には珍しく、ハトはほぼ純粋な穀物食である。穀物は

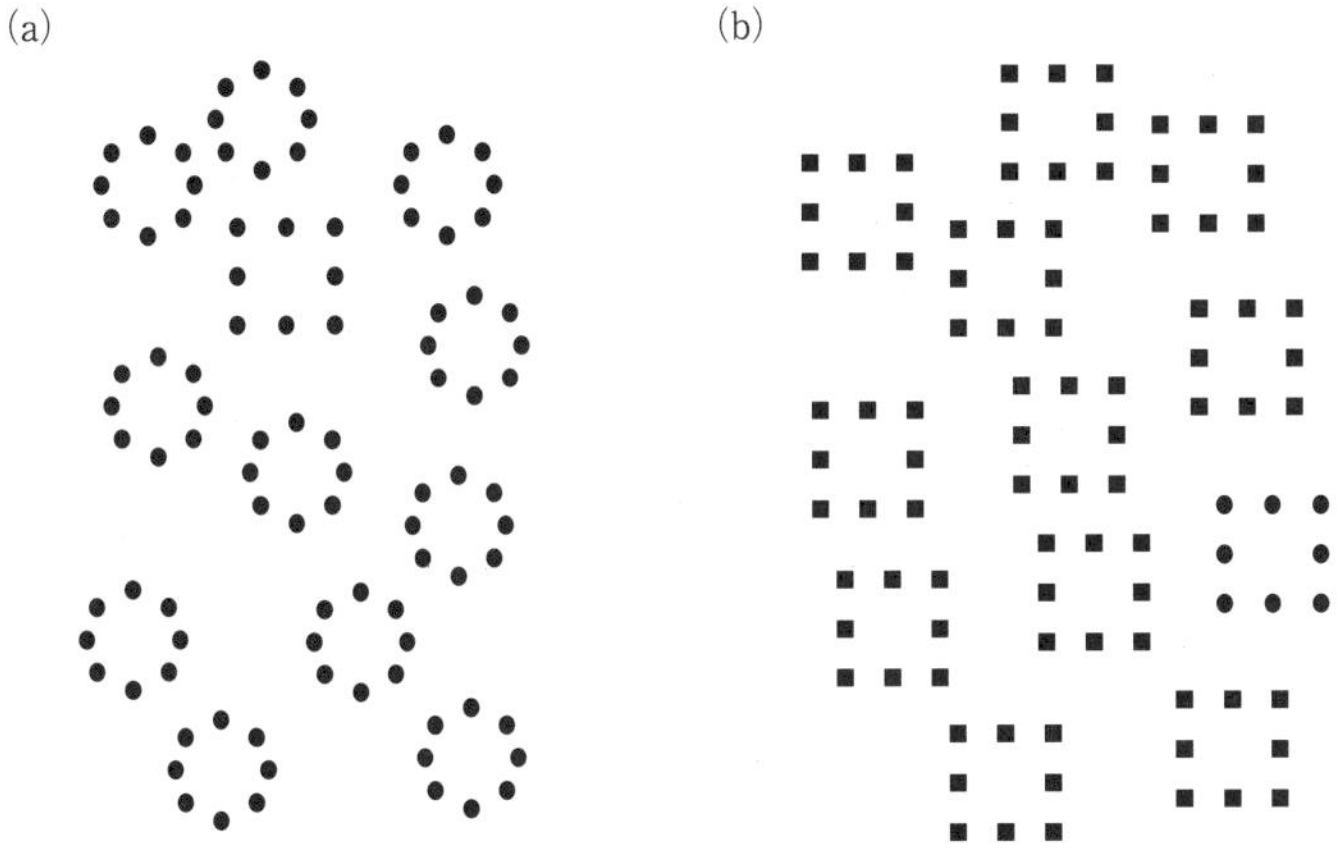

図1-11● 1つだけ異なったものを見つけ出す作業は、(a)では簡単だが、(b)では難しい。ヒトは全体的な形状を局所的な形状よりも優先的に処理する傾向を持っているからである。

小さいし、そこらじゅうにたくさん転がっている。わざわざ半分隠された穀物の全体像を認識しなくても、ハトは十分に生活できるし、隠された部分を補うには計算や知識の援用が必要だから、早く物体を認識してどんどん食べるためには、補間しない方が賢いかも知れない。しかも空を飛ぶためには脳に余計な機能を組み込まない方が軽くて楽だろう。

動物は、それぞれの生活に必要な機能を、自身のからだに組みこんできた。動物たちから見た世界は、動物が一〇種いれば一〇通りあっておかしくない。そのどれもが、環境の認識の一つのうまい方法なのである。逆にいえば、ヒトの環境認識のしかたは、多様な環境認識のやり方の一つに過ぎない。ヒトから見た世界だけが正しいと思いこんではいけないのである。

コラム01 心って何？

column

研究を始める前に、その研究対象を定義しろ、とよく言われます。確かに、標的を定めずに、何かまとまった研究をすることは難しいのかもしれません。しかし、お読みになればわかるように、この本では研究対象である「心」を定義していません。あえてそうしているのです。なぜか。大きな理由が二つあります。

一つは、心を定義すると、必然的に心のありなしを問題にしなければならなくなること。私には、これが動物のランクづけ、差別化に使われるような気がしてたまらないのです。心がなければ、何をしても構わない、といった極端な考えも、そこから出てくるように思うのですね。例えば欧米では捕鯨反対運動が活発ですが、一方ではキツネ狩りやウサギ狩りはおこなわれています。クジラは「賢い」動物だから、というのが線引きの理由です。おかしいと思いませんか。ヒトは雑食動物ですから、動物性の何かを食べないと生きていけません。自身の生存のために、他者の命を犠牲にしなければならない運命なのです。きちんと資源の保護管理をしながら、命を捧げてくれた動物たちに感謝しつつ、おいしくクジラのお肉をいただくことは、何も後ろめたいことではないと思うのですが、いかがでしょう。

逆に、雑草の駆除のために河川敷に除草剤を撒く、などの行為は許されるでしょうか。これによって草むらや土の中の多くの小さな生き物のすみかが失われます。河川に毒物が流入して魚も死んでしまうかも知れません。資源として利用するのでなければ、これらの動物は無駄死にです。私だって、カが飛んできたらパチンと叩くし、ゴキブリにスプレーをかけることもします。気の毒だけれど、それは自分を守るためです。しかし除草剤のような無差別大量殺戮は話が違うのではないでしょうか。小さな生き物にも心があると考えることができれば、少しは彼らを思いやることもできるのではないでしょうか。一寸の虫にも五分の魂。この言葉を本来とは違った意味において大切にしたいと思います。

二つめの理由は、心にはいろんなものがあると思うから。私の心とあなたの心は違います。レベルは異なるけれど、ヒトの心とチンパンジーの心も違います。モグラの心やカエルの心はもっと違うでしょう。心が多様だという考えに立つと、心の定義はそもそもできないし、そうすると研究対象を限定してしまいます。できるだけ広い範囲の動物の心をターゲットにしたい。そう考えると心は定義できません。どうしても、というなら「神経系の内部で生じている出来事のすべて」と定義しておきましょう。そうすれば、あまり取りこぼすものはなさそうです。たぶんそれらの出来事は、その動物の生きざまに適したさまざまな彩りにあふれていることでしょう。そしてその中にはきっとわれわれの想像のつかないものがあるはずだと思います。そして、それらは生態系の中でしっかり役割を果たしている。そうしたものを素直な気持ちで知りたいのです。尊敬すべきものとして。

コラム02 実験室とフィールド

column

動物たちの本当の姿を知りたいなら、フィールドに行って彼らを観察すればいいじゃないか。そういう風に思う方もおられるでしょう。飼われているサルはもうサルじゃない。まして小さなケージで飼われていて、空を飛ぶこともできないハトなんて……。

そうですね。たしかにその通りかも知れません。それも一つの動物たちの心の理解のしかたかも知れません。

しかし、動物たちが何をしているのかを知ることは、動物たちに何ができるのかを知ることと同じではありません。動物たちの心の深部を知るためには、自然観察だけでは不十分だと思います。

近所の人が何か思いもよらない事件を起こしたとき、「信じられない。いい方ですよ」というようなコメントはよく聞きますし、逆に、茶髪で、鼻ピアスで、ジーパンを引きずった若者が、お年寄りに席を譲ったり人助けをしたりすると、「へー、ほんとはいいヤツなんや」などと驚いたりもします。見ているだけではわからないことは、たくさんありますよね。

この本で紹介している研究成果のほとんどは、実験に基づくものです。実験はさまざまな要因を統制しておこなわれるので、知りたい要因の効果、知りたい認知機能だけを、確実に取り出すことができます。野外でも実験は可能です。実際そうした研究も数多くありますし、いくらかは本書でも紹介しました。しかしやはり限界はあって、第1章で紹介した外部環境の知覚などは、余計な刺激がゴマンと存在する野外ではできません。逆に社会的な知性などの分析は、特定の社会的場面を作り出すのが実験室では難しい場合もあります。両方を組み合わせることにより、広い範囲の心の働きを明らかにすることができるのです。

私は、ある動物種のある心の働きがある性質のものになっていることがわかると、それが彼らの実生活の中でどういう意味を持っているのかを必ず考えます。それは、心の働きが自然淘汰の産物だからです。実験室で手に入れたデータだからといって、自然淘汰で培われた彼らの心の性質を反映していないということはありません。むしろ、それを純粋な形で取り出すために、われわれは実験をするのです。

フィールド観察からは、動物の心についていろいろな面白いヒントが手に入ります。第3章で紹介する欺き行動もそうだったのです。それを実験に載せて証明するのは簡単なことではありません。しかし、そうした問題を解くための実験場面を工夫するのは、とてもやりがいのある楽しい仕事です。そこでこそ、研究者の創造力が試されるわけですから。

第2章 「モノ」を扱う——物理的知性

この章では、モノ、つまり環境の物理的な側面に対して発揮されるさまざまな知性について見ていこう。動物たちは、環境からさまざまな情報を取りだし、それを利用して行動を調節している。彼らはどのような情報をどのように利用し、どのようなことをそれらから知るのだろうか。いくつかの側面に分けて見てみよう。

1 迷子にならないために——ナビゲーション

イヌと散歩に出よう。ひとしきり公園や河原を歩いたあと、「さあ帰ろうか」と声をかけると、イヌは自分から飼い主の家に向けて歩き出す。自分のいつも歩くエリアの地理をイヌはよく知っている。当たり前のように思うかも知れないが、これはなかなか大変な能力である。行った道を逆方向にたどるだけならまだ簡単かも知れない。しかしイヌはちゃんと家までの最短経路をたどって帰る。自分が目にした情景、あるいは匂いの風景などを記憶し、それらをまとめ上げて地図のようにしなければ、なかなかこういうことは難しいだろう。旅行中に迷子になったイヌが、何ヵ月も経って、飼い主のもとに戻ってきた、などという話も耳にする。もちろん偶然もあるかも知れないけれど。

イヌが何を手がかりにして帰宅するのか、実はよくわかっていない。しかし、こうしたナビゲーションはどの動物にとっても必須の能力である。そのため、動物たちはさまざまな工夫をこらして、それを実現している。まず、体制の単純な無脊椎動物に見られる巧妙な解決策から紹介しよう。

アリの帰巣——経路統合

アリは、巣から出てうろつき回り、食べ物を見つけると、特別な匂いを通り道につけながら巣に戻ってくる。仲間のアリは、つけられた匂いをたどり、食べ物へと向かう。アリの行列ができるのはそのためだ。しかし最初のアリはどうやって巣に戻ってくるのだろうか。もちろん巣の周りの地理を知っていれば巣に戻ることは可能だ。しかし彼らは初めての土地であっても、ちゃんと巣に戻れるのである。そうした離れワザはどうやって実現されているのだろうか。

砂漠に住むアリの一種を研究したコレットらは、アリが経路統合という仕組みを使っていることを明らかにした（文献18、19、81）。経路統合とは、自身の移動した経路を合算して、常に巣の方向を示すベクトルを保持しておく仕組みである。どこをどう移動したかを逐一おぼえておくのではない。例えば巣から出て北に一〇メートル、そのあと東に一〇メートル行くと、巣の方向は南西方向、さらに東に一〇メートル行くと、おおむね西南西方向になる。この帰巣ベクトルを保持し、それに従って進むと、必ず巣に戻ることができるのである。これを確かめるために、コレットらは地面に溝を掘り、外部の目印が使えないようにして、折れ曲がった溝に沿ってアリを歩かせた。溝から地上に出たとき、アリの多くは、直接巣の方向に向かったのである。同様の能力は、ハムスターやラットでも見出されている。ヒトにもあるらしい。

アリはいつも経路統合だけを使っているわけではない。道筋に目印があると、それを記憶して手がかりに使う。また目標を一度訪れると、アリはそこから離れるときに何度か振り向いて静止する。アリはここで「スナップ写真」を撮っているらしい（文献45）。後刻その目標に向かうとき、アリはこのスナップ写真と現在の網膜像を重ね合わせることにより、確実にそこにたどり着くしかけになっている。

ハトの帰巣――地磁気と太陽とそれから？

ハトの帰巣能力もわれわれには驚異である。これには地磁気を感知するシステムと太陽コンパスが使われていることがわかっている。太陽コンパスの使えない曇りの日に、頭に電磁石をつけると、それにしたがって飛んでいく方向が変化する（文献102、103）。太陽コンパスは太陽の位置と時刻との組合せで方位を知る方法で、使用可能なら磁気コンパスに優先して利用される。人工的な照明を使って実験的にハトの体内時計を六時間ずらすと、それにしたがって、飛んでいく方向が変化する（文献82）。アウトドア活動などで、腕時計の短針と太陽の方位を合わせて方角を知る方法を習った読者もいるだろう。時計が合っていなければ方角を間違える、というのと同じことである。

厳密にいうと、太陽の方位と時刻の関係は、緯度や季節により一定ではない。ハトはこれを若い時に学習する。ためしに幼鳥の体内時計を六時間ずらしてやると、ちゃんとこのずれの調節が生じ、正しい方向に飛んでいくように成長する（文献106）。この学習はおおむね三ヵ月くらいで完成するようである。

しかし、ハトレースなどで、車で一〇〇〇キロメートル以上離れたところに連れて行かれても、多くのハトが帰巣することは、これだけでは説明がつかない。現地点がどこかわからなければ、方位を知っても巣の方向はわからないし、車で移動するのだから経路統合は使えない。ハトは移動中の何らかの情報の変化から、移動経路を知ることができる可能性もあるが、実は、不規則に回転する円盤に乗せて移動しても、麻酔をかけて移動しても、ハトはちゃんと帰ってくるのである。どうも放される地点までの経路ではなく、その地点特有の情報を使っているらしい。ウィルチコらは、ハトが何か勾配を作る環境情報——例えば磁気、重力、匂い、低周波音、遠方の地形的特徴など——の増加・減少の方向を利用しているのではないかと述べている（文献105）。当該地点のそれらの要因の値を、巣のそれと比較することにより、巣の方向がわかるのではないかというのである。記憶した巣の環境条件に少しでも近づく方向に舵を取れば、正しい方向である可能性は高い。いま暑いところにいて、巣はもっと涼しかったのなら、少しでも涼しくなる方向に飛んで行くのが賢明である。複数の要因を組み合わせれば、精度の高い推定が可能かも知れない。

ハトはなじみのある場所では、よく目立つランドマーク（陸標）を利用する。例えば高速道路に沿って飛行したりする。しかしランドマークも方角を持って記憶されているらしく、巣の数キロメートルから数十キロメートルのあたりであっても、体内時計をずらして太陽コンパスを乱すとその影響が出る。

このようにハトの帰巣は数多くのメカニズムの複合で実現されているようである。数千キロメートルに及ぶ渡りをする鳥などでは、星座を利用したコンパスも使われている。自然選択がいったいどのようにしてこうした複雑なシステムを作り上げたのか、まったく不思議なことである。

放射状迷路を切り抜けるラット

場所に関する能力ではラットも非凡なものを見せる。実験室でよく用いられる装置に放射状迷路（図2-1）というものがある。これは中央の出発箱のまわりにたくさんの通路（通常八本程度）を外側に向けて並べたものである。すべての通路の先に餌を置いておく。中央の箱にラットを入れ、餌を自由に取らせる。そうすると、ラットは一度訪れた場所にはほとんど行かず、最少回数の訪問で極めて効率よく全部の餌を取るのである（文献68）。それどころか、何本かアームを訪れたあとでラットをいったん装置から取りだし、ホームケージに戻して、数時間後に再び装置に入れても、ラットはちゃんと残ったアームを選択するのである（文献3）。

こういう時、ラットがうまくアームを選択するためには二つのやり方がある。一つはすでに訪れたアームを全部憶えておく方法、もう一つはまだ訪れていないアームを憶えておく方法である。米国タフツ大学のクックらはラットがどちらの戦略をとっているのかを調べた（文献20）。一二本のアームが取り付けられた放射状迷路にラットを入れる。彼らはラットが二本、四本、六本、八本、一〇本のいずれかの本数アームを訪れたあと、いったん装置から取り出し、一五分後に戻した。もしラットがすでに訪れたアームを憶えているなら、戻したあとの成績は、すでに訪れた本数が多いほど悪化するであろう。なぜなら、たくさんの本数を憶えておくのはより難しいはずだからだ。他方

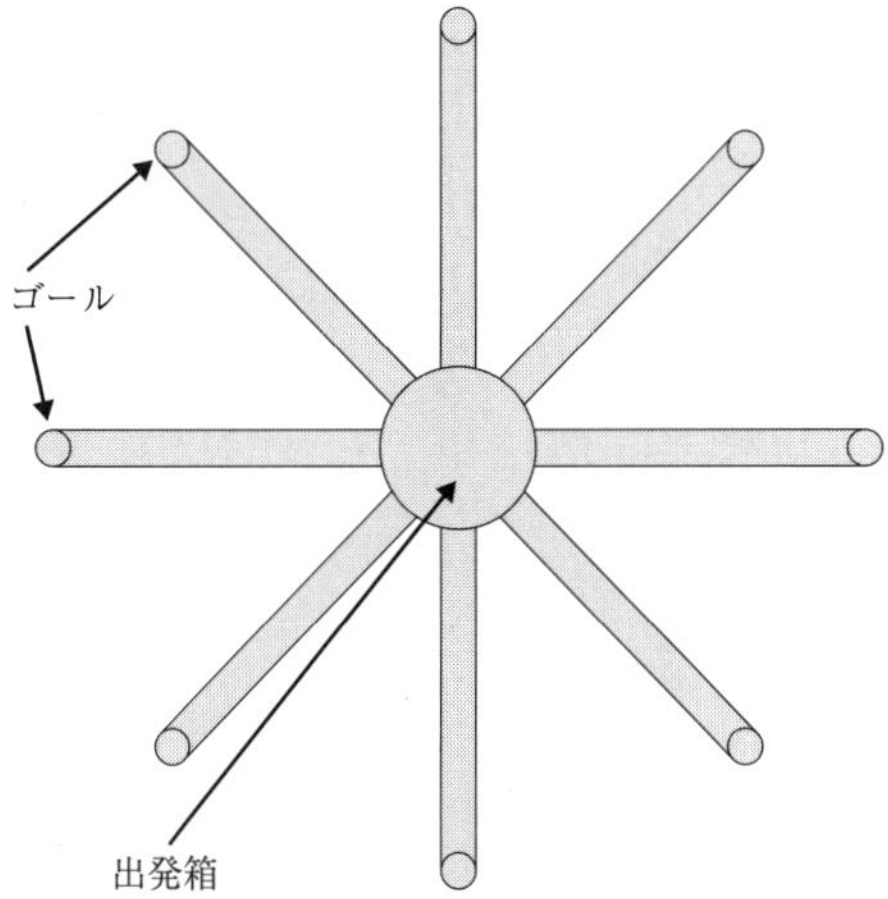

図2-1●放射状迷路の模式図

もしラットがまだ訪れていないアームを憶えているなら、すでに訪れた本数が多いほど成績は良いだろう。なぜなら、憶えておかねばならない本数が少なくてすむからである。

ところが、結果はそのいずれとも異なっていた。成績は六本訪れたあとが最も悪かったのである。これは何を意味するだろうか。おそらくラットは、訪れた本数が少ない間はすでに訪れたアームを記憶し、逆に本数が多くなると、残ったアームを記憶していたのではないかと思われる。つまりラットは記憶の負荷を減らすために、自発的に記憶する内容を切り替えたのだと思われる。実に賢いやり方ではないか。

柔軟に手がかりを使い分けるハムスター

環境内で上手に生きていくためには、いつも同じ手がかりに頼っていてはいけない。よく知っている道を歩くときでも、よく目立つ看板や建物だけを目印に使っていると、それらが急になくなったとき、道に迷ってしまうことがある。ひとつの手がかりが使えないときに、別の手がかりに切り替えられることは、重要な能力である。

われわれの研究室では、ゴールデンハムスターがそうした柔軟な行動をすることを確認した（岩田佳奈との共同研究、文献44）。

直径一メートルあまりの円形のアリーナに二四本のポールを立てた。いちばん内側から同心円を描

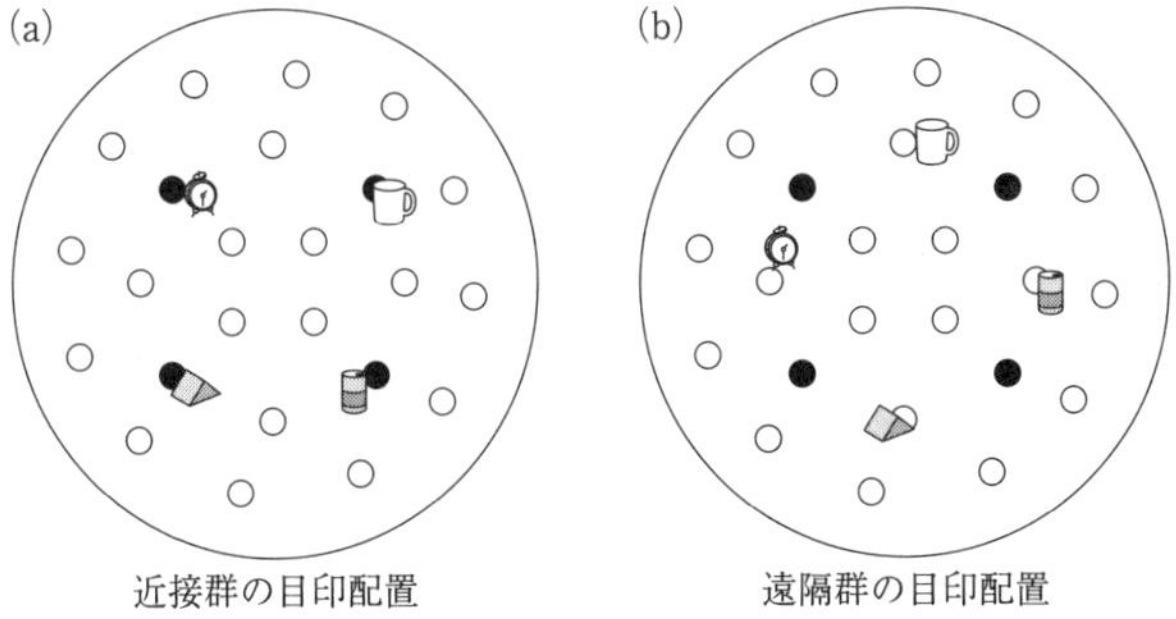

図2-2●ハムスターの餌探索行動を調べるための実験装置と目印の配置（岩田、2001 をもとに描く）

くように四本、八本、一二本と立てた。各ポールの上には小さなカップがあり、ハムスターは、立ち上がるとカップの中の食べ物を取ることができた。

真ん中の円周上の八本のうち、一本おきに食べ物を入れ、ハムスターを二群に分けて毎日訓練した。一つの群（近接群）は、食べ物の入れられたポールのすぐ横に置き時計やマグカップなどの目印を置いて訓練した（図2-2(a)）。もう一つの群（遠隔群）は、食物のあるポールとポールの間の空のポールの横に同じような目印を置いて訓練した（図2-2(b)）。食物と目印の配置はいつも同じにしてある。

どちらの群のハムスターも、最初のうちはでたらめに探索し、あちこちのポールで立ち上がってカップを探っていたが、二〇日余り訓練を続けると、近接群ではほとんど間違わずに四ヵ所の食物を取れるようになった。遠隔群のハムスターも、食物を全部取り終えるまでにのぞきこむポールの本数は減っていったが、三八日訓練しても、近接群の三倍近くの回数が必要だった。

どちらの群でも、置かれている物体を手がかりにすれば食物のありかはわかる。近接群では、「目印の置かれたポールに食物がある」、遠隔群では、「目印の置かれたポールの隣のポールに食物がある」だけのことだ。ヒトにとってはどちらの手がかりもあまり意味は変わらないように思える。しかし、ハムスターにとっては、最初の手がかりは利用できても、あとの方の手がかりは難しいらしい。

訓練のあと、目印ごと食物の位置を移動したテストをおこなった。近接群は、ほとんど訓練と変わらない成績を示した。逆に、食物の位置は訓練と変えないまま、目印だけを取り除いてテストをすると、近接群の成績は大きく低下した。彼らはやはり目印を使っていたのである。

他方遠隔群は、食物の位置が変わらなければ、目印があってもなくてもほとんど成績が変わらなかった。目印がない場合には、ハムスターは、円形アリーナ内でのポールの位置を手がかりにするしかない。遠隔群は目印を使わず、ポールの位置だけを手がかりにしていたものと思われる。しかし、近接群は、目印なしテストで成績は低下したものの、でたらめには行動しなかった。実は近接群のハムスターのこのテストでの成績は、遠隔群とほぼ同じだったのである。

これはハムスターの食物探索の柔軟性を示している。近接群のハムスターは、目印が使える限りはそれを使うのだが、同時に食物の空間的な位置についても学習していて、目印が使えなくなると、それに切り替えたのである。実際の野外の生活空間では、おそらく同じ目印を使い続けることは難しいであろう。こうしたときに困らないように、ハムスターも上手に食物探索の戦略を柔軟に切り替えて使っているのである。

2 頭を使って推理する――推論

環境からはさまざまな手がかりが得られるが、いつでも直接的な手がかりが手にはいるとは限らない。例えば捕食者の姿はいつも見えるとは限らない。足跡がある、血が落ちている、他の動物が逃げている、などの手がかりから捕食者がいることを推測できれば、動物は大きな利益を受けるに違いない。こうした間接的情報から、動物はどのような推論ができるのだろうか。

順序関係を推理する――推移的推論

動物の推論過程で比較的よく検討されてきたのは推移的推論と呼ばれるものである。トトロはサツキより背が高く、サツキはメイより背が高い、という前提から、トトロはメイより背が高いという結論を導き出すように、複数の二項間の順序関係から、直接明示されていない順序関係を推理することである。

実験場面では、五種類の刺激A〜Eを用意し、AとBが対にされたときにはAを選ぶ、BとCならB、CとDならC、DとEならDを選ぶ、というように全ての隣接する組合せを訓練した後、訓練で使われなかったBとDの対を提示しテストする。すると、ハト、ラット、リスザル、チンパンジー、ヒト幼児などは、DよりもBを多く選択する。

あたかもB>C、C>DからB>Dを推論したように見える反応だが、そうとも限らない。そもそもAとBからAを選ぶというのはA>Bを必ずしも意味していない。Aは○、Bは×にすぎないかもしれない。つまり対にされた二項目に、順序関係が存在しないなら、推移的推論ではない。グー・チヨキ・パーはそうだ。また、ややこしいので説明は省くが、それぞれの訓練刺激対と報酬との連合の強さ、といった単純な要因で、「推移的な」反応が実は説明できてしまうのである。

そこで、高橋真と共同で、放射状迷路によく似た装置を利用して、隣接するアームのうち一方を選択する課題をツパイ（ベランジェツパイ）とラットに対しておこなった（文献90）。ツパイは霊長類に最も近い系統群で、私が学生の頃は、霊長類に入れられていた動物である。形態、動作ともに、口先のとがったリス、という感じのする動物である。現在は独立の系統群（ツパイ目）に分類されている。

迷路のアームは八本あった（図2-3）。左端から順にA〜Hと名づけよう。このうちA〜Eを使って訓練をする。訓練では隣接する二つずつのアームが開放され、動物は、左（あるいは個体によっては右）のアームに入れば報酬を手に入れることができた。これは空間的に「より左（あるいは右）」を選ぶという意味で、推移的な順序関係を持つ刺激対である。訓練後、使用されなかったFGHを使ってテストがおこなわれた。FとHを対にして提示すると、ツパイは見事に「より左（あるいは右）」にあるアームを選択したのである。FとHは訓練では使用されていないので、それぞれのアームと報酬との連合の強さでは、この反応は説明できない。ツパイは明らかに推移的推論をしていたように思われる。ちなみに、ラットの成績はツパイほど明瞭ではなかった。

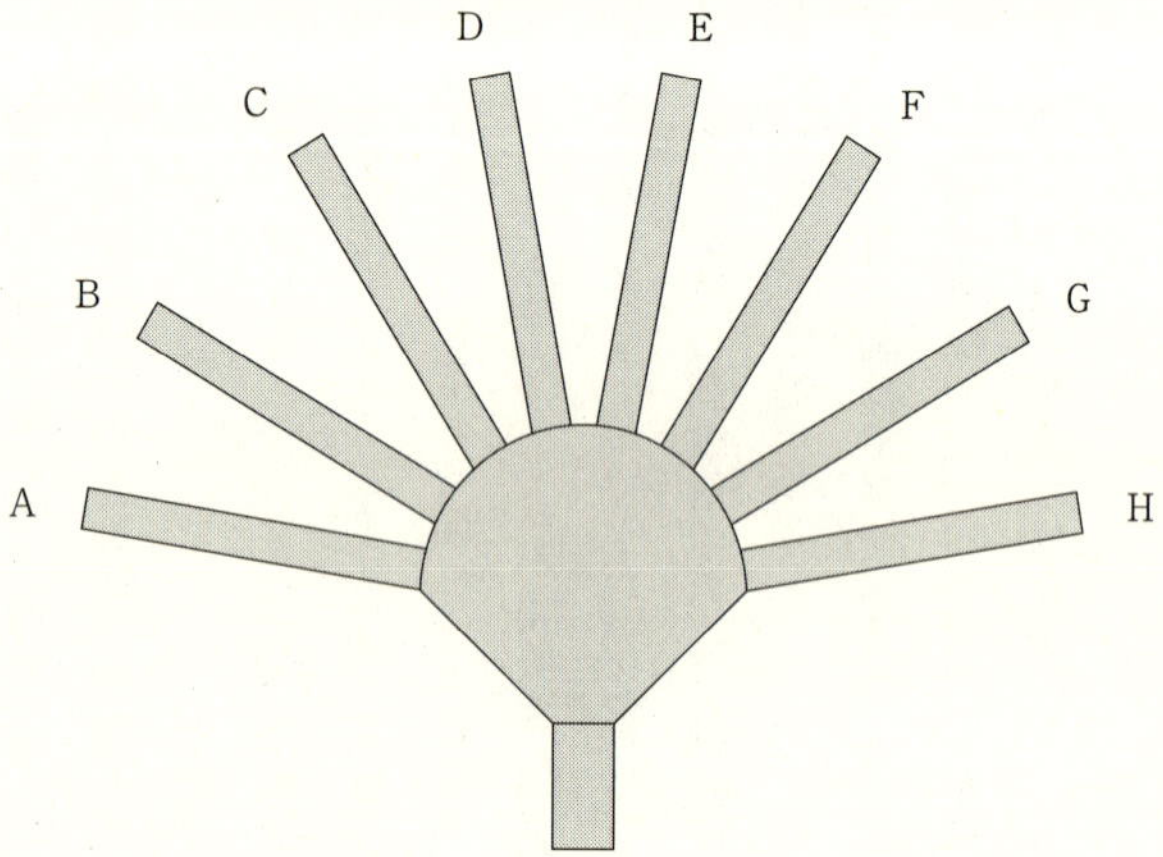

図2-3●空間課題における推移的推論を調べるための装置（Takahashi & Fujita, submitted をもとに描く）

社会的順位を推理するマツカケス

最近マツカケスというカラス科の鳥が、自身の社会的順位を推移的推論によって決定しているのではないかという報告が出された（文献70）。二グループの鳥を使う。まず、同じグループに属する鳥を、向かい合わせの止まり木に止まらせて二羽ずつ「対戦」させる。しばらくすると、優位個体は相手をにらみつけ、劣位個体は頭を下げたり目をそらしたりするようになり、闘うことなく、グループ内の直線的な順位ができあがる（図2-4(a)）。

その後、調べたい個体（個体3）に、二つの「対戦」を見せる。一つは別グループの見知らぬ個体Bが、やはり別グループの見知らぬ個体Aに負けるところである。もう一つは、自身と同じグループで自身よりも優位な個体2が、個体Bに負けるところである（図2-4(b)）。こうした操作の後、その個体とBを「対戦」させた。するとこの個体は、即座に劣位を示す行動をとったという（図2-4(c)）。つまり、自分よりも優位な個体2がBよりも劣位であることを見れば、この鳥は自身がBよりも劣位であると推論することができたのである。なお、個体Bは一勝一敗なので、常勝個体に譲ったということではない点に注意されたい。

社会的順位は集団で生活する動物にとって極めて重要である。それを正しく認識することができれば、無駄なエネルギーを争いごとに使わなくて済む。推移的推論は、そのための重要な道具になるの

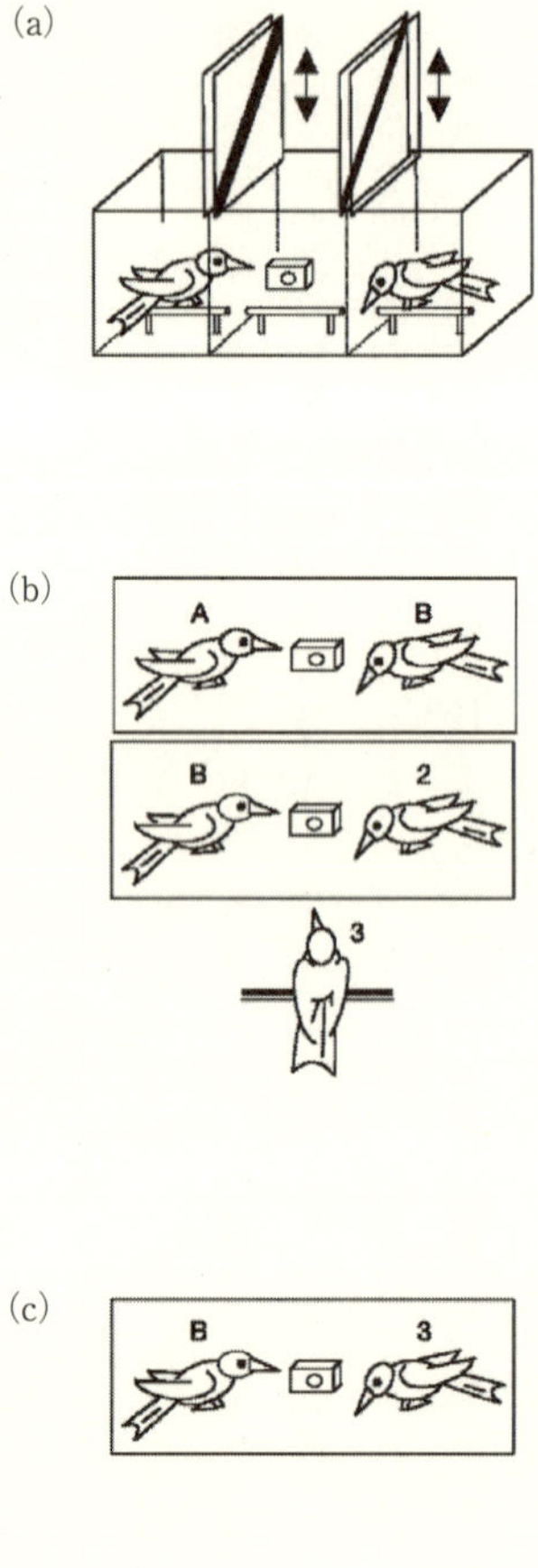

図2-4●マツカケスの推論による社会的順位の認識（Paz-y-Miño, Bond, Kamil, & Balda, 2004より書き直したもの）

かもしれない。

できる推論、できない推論――推論の領域特異性

ヒトには簡単に思える推論が動物には難しいことを示す事例もある。例えばセイファースらは、アフリカのサバンナに棲むベルベットモンキー（図2-5、カラー口絵ⅲ）という美しいサルの対捕食者行動を研究している。このサルは、ワシ、ヒョウ、ヘビ、それぞれに対する特徴的な警報音声を持っている。捕食者を発見したサルは、その捕食者に対応した声を上げる。ワシに対する音声を聞いた群れの他個体は、茂みに逃げこむか空を見上げる。ヒョウに対する音声を聞くと、木の上に登る。ヘビに対する音声を聞くと、立ち上がって足元を見る。

このように優れた対捕食者警戒行動を持っていながら、なぜか彼らは捕食者の存在を示す明らかな徴候を見逃すのだという。例えばニシキヘビが草むらを通ると、草の倒れたはいあとができる。ところがサルは、明らかに最近ヘビが通ったことを示すこうした痕跡に、まったく注意を払わないのだ。また、ヒョウは狩りの獲物を木の枝にぶら下げておく習性を持っている。生々しい獲物があれば、それはヒョウが近くにいることを示す。ところが、サルはこれにもまったく注意を払わないのである。

どうやら推論の能力は、全ての領域、全ての情報について同じように進化した一般的なものではないように思われる。ある推論ができるからといって、同じ論理構造を持った別の推論ができることが

図2-6（上）●４枚カード問題
図2-7（下）●４枚カード問題と等価な日常的問題

保証されているわけではない。マツカケスが自身の順位に関する推移的推論ができるからといって、任意に並べた図形の順序性を推論できるかどうかはわからない。

実は、これはヒトでも同じことなのである。

図2-6は、四枚カード問題あるいはウェイソン選択課題と呼ばれている有名なパズルである。このカードの表にはアルファベット、裏には数字が書かれている。いまこの図に表示されているカードを裏返して、「母音の裏側には奇数が書かれている」という規則が守られているかどうか調べてほしい。裏返すことができるのは二枚だけである。どのカードを調べればよいだろうか。

Aの裏側を調べなければならないのはすぐにわかる。この裏が偶数であれば規則違反だからだ。さてもう一枚はどれか。多くの人は7と答えるだろう。正しいだろうか。7の反対側に母音があれば、この規則は確かに守られている。では7の反対側に子音があればどうだろう。規則が破られていることになるだろうか。この規則は子音の裏側については何も述べていない。子音の裏側に奇数があっても規則違反ではないのである。

正しいカードは4である。4の反対側に子音があればOK。しかしもし母音があれば規則違反である。したがってこれをチェックしなければならない。

別の問題を考えよう。きょうは幼稚園の遠足。日射病にならないように、年少のさくら組の子は帽子をかぶってくること、という昨日の先生のいいつけが守られているかどうかを、転園してきたばかりのツヨシ君が調べることになった。図2-7の中のどの子を調べればいいだろうか？　これは簡単だ。一人はさくら組のバッジを付けているヒロ君、そしてもう一人は、帽子をかぶっていないユキちゃんである。

よく考えればこの問題は先ほどの四枚カード問題と全く同じである。場面設定が違うだけだ。PであればQである（P→Q）、という命題が正しいとき、QでなければPでない（￢Q→￢P）、という命題は常に正しい。これは対偶命題と呼ばれている。したがってP→Qが正しいかどうかを調べるには￢Q→￢Pが正しいかどうかを同時に調べる必要がある。純粋な論理的場面設定で、この論理に従って推論することは、ヒトにとって難しい。しかし、社会的な約束や契約の場面になると、正解率は跳ね上がる。

おそらく推論は、単に複雑な情報処理が可能になれば自動的にできるようになるのではなく、他のさまざまな認知機能と同じように、その動物種の生活で必要になったことがらに関わる自然選択圧を受けて形作られてきたものなのではないだろうか。ヒトは複雑な社会に生きている。社会的な約束事が守られているかどうかを認識することは、相手が信頼できる個体かどうかを知る上でとても大切なことだったろう。こうしたことが、社会的な契約の場面でうまく推論ができるようになった要因なのかも知れない。

3 数える、計算する——動物の数認識

ヒトの数認識は特異である。それは極めて抽象度が高く、自然数だけではなく、整数、実数に加えて、虚数などという存在しないものをさえ含む概念である。しかし、近代教育を受けていなければ、おそらく負の数の概念も実数の概念も持ち得ないだろうし、ヒトが狩猟採集生活をしていた時代には、きっと「数」は、もっと具体的なものの数を表していたに違いない。

そうした具体的な数の概念に関する検討は、いくつかの種でおこなわれている。いくつか印象的な研究を紹介しよう。

動物に数を訓練すると……

米国アイオワ大学のペパーバーグはヨウム（灰色のオウムの一種）にヒトの音声言語を教えている（文献71）。アレックスというオウムはペパーバーグ博士の英語の問いかけに対して、見事な発音の英語をしゃべって答えるのである。ものの名前以外に、色、形、材質などの単語とその意味を知っている。たとえば、さまざまな色の、さまざまな材質でできた物体を並べておいて、「四角くて青いものの材質はなに?」と尋ねると、それが木でできているときには「木」などと答えるのである。正しく

答えられると、報酬としてアレックスはその物体で遊ぶことができた。

アレックスはものの数を6まで答えることができる。全体の数だけではなく、例えばカギを三つ、積み木を四つ、ごちゃ混ぜにトレイに並べて見せ、「カギはいくつ？」などと尋ねると、「三個」と答えることができる。

おなじみのチンパンジーのアイは、コンピュータの画面に出された図形の個数を9まで正確にアラビア数字を選んで答えることができる（文献53）。アイの反応時間は目を見張るほど早く、スピード競争をするとヒトは太刀打ちできない。どうやって数えているのか不思議なくらいだが、一目で数がわかる4〜5くらいを過ぎるとアイの反応時間は数に応じて長くなっていくので、量を目安にして適当に答えているようには見えない。

数の同定を要求しない課題では、他の動物も負けてはいない。例えば米国コロンビア大学のブラノンとテラスは、アカゲザルに数の大小判断課題を訓練した（文献9）。コンピュータ画面上に二組の刺激を提示する。それぞれの刺激は種々の無意味な幾何学図形の集合で、その数は異なっている。サルはそのうち数の多い方を選択すると報酬を手にすることができた。するとサルは、9までの数の大小を正確に判断することができた。

新潟大学の鈴木光太郎と小林哲生は、ラットに指定された本数目のトンネルに入ることを訓練した（文献89）。長い通路の側面にトンネルを多数並べる。指定された本数目のトンネル以外は入り口がロックされている。トンネルの中には食物が入っている。徐々に指定するトンネル本数を増やしていくと、もっとも良くできた個体は一二本目まで正確に入ることができた。トンネル間の間隔は毎回変えられるので、通路のおおまかな位置を手がかりにしているわけではない。ただ、ラットは毎回入るべき本数目を変えられたわけではない。長期的に一二本目を憶えたということができる。これがわれわれの使っている数とどのような関係にあるのかはよくわからない。とはいえ、ラットの能力には目を見張らされる。

訓練しなくてもわかる——自然な数認識と演算

このように、多くの動物は、うまくいけば10程度までの数を抜き出して利用できるだけの潜在能力を持っているようである。しかし、こうした特別な訓練を経なくても、小さな数であれば動物の利用範囲に入っているという報告もある。

例えば、米国ハーバード大学のハウザーらは、野外にすむアカゲザルを対象に次のような実験をおこなっている（文献42）。箱を二つ用意する。ひとりでいるサルを見つけると実験開始だ。一つの箱には、リンゴ片を例えば一個入れて見せる。もう一つの箱にはリンゴ片を二つ入れて見せる。そして実験者はその場を離れる。このようにすると、1と2、2と3、3と4、3と5の比較では、サルは多い方の箱に食物を取りに行ったという。しかし4と5、4と6等ではできなかった。4以上になる

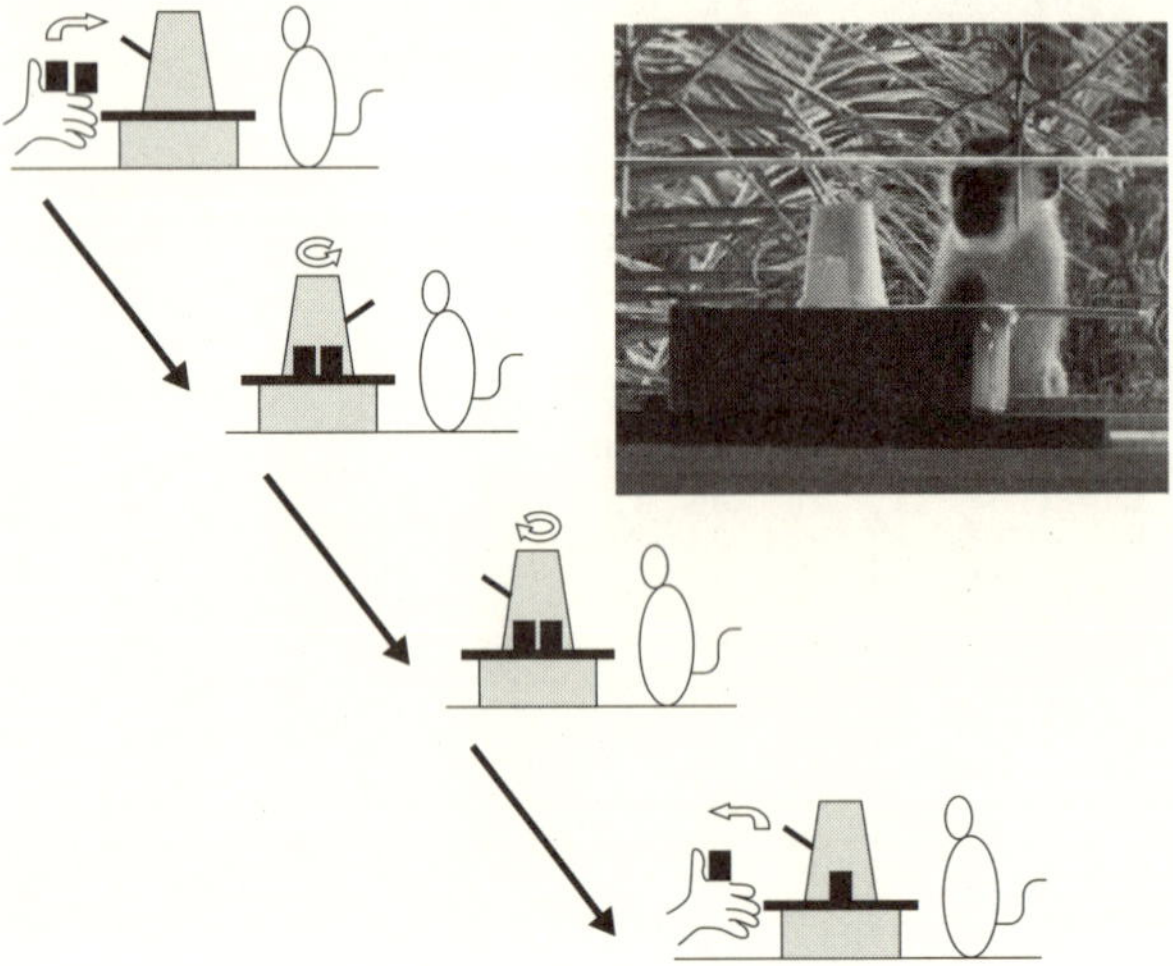

図2-8●野生ベルベットモンキーの引き算実験の手続きと様子（写真撮影：堤清香）

と区別はつかないようである。1、2、3、たくさん、というシステムだ。

さらにハウザーらは、サルは簡単な計算もできると述べている（文献41）。まず一個のナスを見せる。次にこれを衝立で隠して、その背後にもう一個のナスを入れる。そうして衝立をどける。もちろんナスは二つあるはずだ。このときちょっとしかけをして、ナスが一個になったり三個になったりすると、二個であったときに比べて、サルはより長くナスを見つめたのである。あり得ない事態に驚いたと考えられる。いろいろな数の組合せでテストすると、サルは2＋1＝3、2－1＝1、3－1＝2は理解しているようだった。しかし、2＋2＝4はできないようだった。

正確には、これは数とは言えないかもしれない。サルは追加されたナスがどこに行ったのか不思議に思っただけかもしれない。あるいは消えたはずのナスがまだ存在することに驚いただけかもしれない。しかし、具体物の演算に近い認識はアカゲザルにもそなわっているように思われる。

しかし、数がおかしなことになったと驚いているだけでは、実生活には役に立たない。その結果を利用して行動を調節できて、初めてサルは「演算」ができることの恩恵を手にすることができる。上記の結果は、サルの演算能力を示すものかも知れないが、それ以上の実際的意味があるようには思えない。

そこで、堤清香・牛谷智一とともに、そうした実際的意味のある引き算能力が、野生ベルベットモンキーにそなわっているかを調べる実験をしてみた（文献94）（図2-8）。

堤の暮らしていたケニアのモンバサのアパートは、ベルベットモンキーの遊動域の中に入っていて、折に触れ、サルは台所等に侵入して食べ物を失敬していくのだった。ヒトとサルは微妙な競合関係にある。これを利用して実験をしてみた。

一部分に窓を開けた紙コップを用意する。サルがベランダにやってくると、これを逆さまに置いて、まずその中にパン片を例えば二個入れる。コップの窓をサルに向けて、よくその内容を見せておく。次に窓をこちらに向けて、コップの中からパン片を一個取り出す。取り出したものをサルに良く見せる。コップの中は見せない。つまりサルは、見えないところで何が生じているかを、頭の中で想像しなければならない。その後実験者はその場を離れる。サルはコップの中にパンがあると思えば取りにやってくるだろう。しかし、ないと思えば、あえて危険を冒そうとはしないだろう。

最初に入れる数は〇個〜二個。取り出す数も〇〜二である。入れる数が〇の時には、サルはもちろん取りには来ない。取り出す数が〇個の時には、サルはほぼ一〇〇パーセント取りに来た。1−1の時、2−2の時には、取りに来る頻度は大幅に低くなった。これらは、ものがあるかないかというレベルの認識があればできる課題である。では2−1はどうか。これはものの一部分が消えてなくなったという認識を必要とする。もしサルにそれが理解できるのなら、サルは残ったパン片を目指してやってくるだろう。

実験をしてみると、三頭のうち一頭のメスはあいまいな結果に終わったが、二頭のオスはまさにそのような結果を示した。野生のベルベットモンキーの中には、こうした簡単な引き算に近い処理をおこない、その結果を利用して行動できる個体がいるのである。

考えてみると、こうした事態は日常的に生じているかもしれない。例えばライオンが二頭で狩りにやってきたとしよう。何とか逃げ延びて、木に隠れているうちに、一頭のライオンが去っていくのを見たとしよう。もう一頭は確認ができていない。このような場面で、まだ一頭残っているかもしれない、ということを想像することができれば、サルにとってそれは極めて適応的なことであろう。演算の能力は、こうした状況で見られる具体的な心的操作に由来するのかもしれない。

4 未来を思い描く——計画立案

小学生の時、読者はおそらく夏休みの計画を立てさせられたことだろう。何時に起きて、何時から何時まで勉強をして、何時に寝て、という毎日の計画、何日から何日まで旅行、何日までに宿題を仕上げて……決してその通りに運ぶことはなかったけれど。

こうした厳密な計画でなくても、ヒトはこれからおこなう行動計画を立てて、それに基づいて行動する。このようにすると、行き当たりばったりに行動するよりも、ことは普通うまく運ぶ。動物はどうだろうか。同じように行動計画を立てた上で、採食に出かけたりグルーミング（毛づくろい）に行ったりしているのだろうか。

こうした内的な過程を行動から分析することは難しい。しかし、行動計画を立てることは、どの動物にとってもおそらく適応的なことだろうし、その場その場の情報を即時的に処理して行動を決定する方が、時には負荷が大きくなるようにすら思える。

例えば、いま目の前にあるチョコレートを取ろうとしたとしよう。われわれは、意識することなくそれに手を伸ばすための計画を立てているはずである。これをいちいち現在の手の位置とチョコレートの位置の違いを計算して、その時々に手の次の動きを決めていたのでは、チョコレートを手に入れるまでにえらく時間がかかりそうである。

より認知的な場面でも同じことが起こっているように思われる。例えば紙に書かれた迷路を鉛筆でたどるとき、われわれは次にどの方向に進むか、さらに次は、というようにおそらく計画を立てている。

霊長類の計画的行動

東北大学の虫明元らは、ニホンザルにコンピュータ迷路を解かせた。ジョイスティックでカーソルを動かして、画面上を移動するのである。迷路は「道」が格子状に並んだもので、障害物があると通れないようになっている。長期間の訓練の結果、サルはこれを効率よく解くようになった。いつも通る道が通れないと、サルは別のルートをとらなければならない。こうした作業をこなしている時に生じるサルの脳の前頭葉活動を記録すると、サルの神経細胞は、次のルートをとる前から、そのルートに対応する活動を示すことがわかった。つまり、少なくとも神経レベルではニホンザルの行動計画の存在が裏づけられたといえる（文献61）。

チンパンジーのアイは、画面に提示された1から9までの数字を小さなものから順に次々に触れていくことができる。例えば、5、1、2、6、8と表示されていると、1↓2↓5↓6↓8といった具合だ。この作業をしているときの、数字に触れるまでの反応時間を記録すると、最初の反応だけが長く、続く反応に要する時間は一様に短い。一つ数字に触れるたびに残った数字の中から最小の数字を探し出して触れているなら、残った数字の個数が少ないほど速く最小の数字を見つけられるだろうから、反応時間は右下がりのカーブを描くはずである。おそらくアイは、最初にすべての数字を見たとき、どのような順序で触れていくか、計画を立てているのだろうと思われる（文献4）。

さらに、最初の数字に触れると残った数字がすべて消えて四角形に置き換わるようにしても、数字の個数が五ないし六くらいまでは、アイの成績はほとんど低下しないし、反応時間も変わらない。つまりアイは、四手先あるいは五手先まで触れる手順を計画し、それを短時間記憶しておけるのである（文献48）。ちなみに、この課題はヒトのおとなにとっても極めて難しく、正答率こそアイといい勝負ができるものの、反応時間では楽敗である。もちろん筆者も！

英国リバプール大学のダンバーらは、別の視点から類人と三〜七歳のヒトの子どもの計画能力を比較している（文献22）。透明の板で作られた四個の難度の違う「問題箱」が用意された。箱にしかけられた掛け金などをある手順で外していくと箱を開けることができ、中のごほうびを手にすることができる。

二つの条件があった。一つは問題箱をその場で手渡して操作させる条件、もう一つは事前に見せておく条件である。類人の場合には、ケージの前に箱を一晩（オランウータンに対して）あるいは二晩（チンパンジーに対して）置いておいた。子どもは、二〇分間箱のスケッチをさせることが事前提示だった。事前提示中には箱を操作することはできないが、こうしたら開けられるかな、と考えることはできる。もし、事前提示中に頭の中で箱の開け方を計画することができたとしたら、事前提示あり条件では事前提示なし条件よりも速く箱を開けることができるだろう。簡単な知恵の輪を解く場面を想像してみればよくわかるだろう。

実験をおこなってみると、子どもでは予想通りの結果になった。子どもは、実際に物体を操作する前に、操作の仕方を頭の中で想像していたのだろうと思われる。ダンバーはこれを「メンタルリハーサル」と呼んでいる。他方チンパンジーもオランウータンも、事前提示によって、問題箱の解決が向上することはなかった。彼らはメンタルリハーサルができないのだろうか。そうとも言い切れない。

なぜならこの課題は、特別に事前提示中にリハーサルをしなければならない手続きにはなっていないからである。また、子どもはお絵かきによって積極的に箱の視覚情報を処理させられているのに対し、類人の場合にはただ箱が置かれているだけである。あまりフェアな比較ではないかも知れない。

ハトに計画的行動は可能か?

こうした計画を立てられるのはヒトに近い動物だけだろうか。

宮田裕光らと共同で、ハトにコンピュータ迷路を解かせてみた(文献59)(図2-9、カラー口絵iv)。迷路といってもごく単純なものであるが、画面に提示される標的を、壁を回り道してよけながらゴールまで動かしていく課題である。ハトにジョイスティックを操作させるのは難しいので、標的周辺に提示されるガイドと名づけた白い点をつつくと、標的がそちら方向に動くようにした。

ハトがつつき始める前に数秒間迷路が事前提示される条件と事前提示されない条件があった。もしハトが、その試行で提示される迷路の解き方を計画するなら、事前提示のある条件では、より迷路課題の成績——ゴールに到達するまでの時間や動きの回数——が向上するだろうと考えた。結果を分析すると、初めて見る迷路が提示されるときには、そのような傾向は見られなかった。しかし、既知の習熟した迷路が提示されると、わずかではあるが、事前提示のある条件で成績が向上した。つまりハトは新たな問題を解決するためのリハーサルはできないかもしれないが、既知の行動パターンを事前に選択する、というレベルでの計画立案はできるようである。

5　道具の意味を理解する――因果認識

動物は物理的な因果関係をどの程度理解しているだろうか。この問題は道具使用を利用して検討されてきた。道具を柔軟に使用するためには、どのような状況で、どのような道具を、どのように使用すると、どのような結果が得られるか、という因果関係を理解することが大切である。

さまざまな動物の道具使用

動物の道具使用というとチンパンジーが有名だが、実は道具を使う動物は他にもたくさんいる。おなじみのラッコは、海面にあお向けに浮かんで、おなかに載せた貝に石を打ち付けて割って食べる。エジプトハゲワシは、上空から石を落として堅い卵を割る。ガラパゴス諸島に棲むキツツキフィンチは、サボテンのトゲをくわえ、木の穴に突っこんで中の虫を捕る。

面白いところではササゴイのルアーフィッシングだろう。この鳥はわらや枯れ草などを水面に投げ、近づいてきた魚を捕る。三〇年ほど前に、熊本の水前寺公園で初めて観察された。最近では、京都の平安神宮外苑で見られるそうである。愛知県犬山市にある日本モンキーセンターのコモンマーモセットは、パンくずを水面に落として近づいてきたメダカのような魚を捕獲する。厳密に言うと道具使用ではないが、仙台のハシボソガラスは、交差点にクルミを置いて、通過してくる車に割ってもらって食べる。確か東京湾のどこかの埠頭でも、カラスかカモメだったと思うが、貝を割るのに上空から石を落とす行動が観察されるという報告をテレビで見たように思う。

必要な道具を見抜く——柔軟な道具使用

これらの行動は見ていて楽しいが、彼らがその道具使用と結果の関係をどの程度理解しているのかは観察だけからはよくわからない。遺伝的に決まっているのかも知れないし、意味もわからずに動作と結果の関係だけを学んだのかも知れない。定常的な行動からは、その柔軟性や応用可能性が見抜けない。何かしら実験操作を加えて、いかに行動が臨機応変に調整できるのかを調べることが必要だ。

霊長類研究所の上野吉一さんと、インドネシアのスラウェシ島にサルの味覚と嗅覚の調査に行ったときのこと、偶然、実に上手に木の枝を使ってものを引き寄せるサルを見つけた。トンケアンマカクと言われるニホンザルに近縁のサルで、わりにおとなしく、現地では民家にペットとしてよく飼育されている種である。このサルは立派なおとなのオスである。気温四〇度の中、アセだくになりながら、簡単な実験をした（文献97）（図2-10）。

図2-10●道具を使って食物を引き寄せるトンケアンマカク

サルは鎖で木につながれている。サラックという現地の果物を、小さなおもちゃのバケツに入れて、サルの手の届かない距離に置いた。次に長短二本の棒をサルの左右に置いた。棒の左右は、試行ごとに入れ替わる。食べ物（バケツ）までの距離は、遠近二条件ある。「近い」条件ではどちらの棒でも利用できる。しかし「遠い」条件では長い棒でなければ届かない。サルは距離に応じて適切な道具を選択できるだろうか。

それぞれの条件で一〇試行ずつをおこなってみたところ、このサルは左利きらしく、「近い」条件では一〇回とも長さに関わりなく左に置かれた棒を取った。一方「遠い」条件では、一〇回中九回まで長い方の棒を取った。行動はスムーズで、迷いは見られず、試行錯誤には見えない。このサルは目標までの距離と必要な道具の長さの関係を理解していたと言える。

英国ケンブリッジ大学のカチェルニックらは、ニューカレドニアガラスの道具使用を分析している。このカラスは野生状態でも、枝を折り取って先端部にカギのついた道具を作り、木の穴等に潜む虫をつり上げて食べる。単子葉類の葉を、縁に沿って器用にちぎりだして細い道具を作ることも知られている。透明の筒に食べ物を入れて細い棒を置いておくと、この鳥は棒をくわえて食べ物を引き出して食べる。筒の入り口から食べ物までの距離をさまざまに変え、筒から離れたところに、ドリルの歯のセットよろしくさまざまな長さの棒を並べておくと、鳥は多くの場合、必要な長さ以上の道具を持ってきた（文献16）。目標までの距離と道具の長さの関係は、比較的容易に認識できる因果関係なのかも知れない。

筒課題――高度な因果認識

もう少し高度な因果関係はどうだろう。イタリア国立科学協会のヴィザルベルギという研究者は、フサオマキザルの集団ケージに、透明の筒を設置し、そのそばに棒を用意した。筒の中には食べ物が入っている。サルは棒を筒に突っこんで押し出すと食べ物を手に入れることができた。何頭かのサルは、この課題を解決した。

次いで、応用問題を与えた。問題の一つでは、数本の棒をひもで束ねたものを用意した。同じ実験をしたチンパンジーは、すぐにひもをほどいて棒を突っこんで食物を手に入れた。ところが、オマキザルにはこれは難しいようで、束のまま入れようとして失敗を繰り返した。一頭のサルは、ひもをほどいた。しかしその後このサルが筒に入れたのは、棒ではなくひもだったのである。別の問題では、棒の両端に短いピンのようなものを突き刺して、そのままでは筒に入らないようにした。チンパンジーはすぐにピンを抜いてから棒を突っこむようになった。オマキザルはそのまま入れようとして失敗した。時にはピンを抜くこともあったが、そのまま入れるエラーは、回数を重ねても減っていかなかった(文献100)。

次にヴィザルベルギらは、筒を、中央部に落とし穴のあるものに交換した。落とし穴の入り口に食

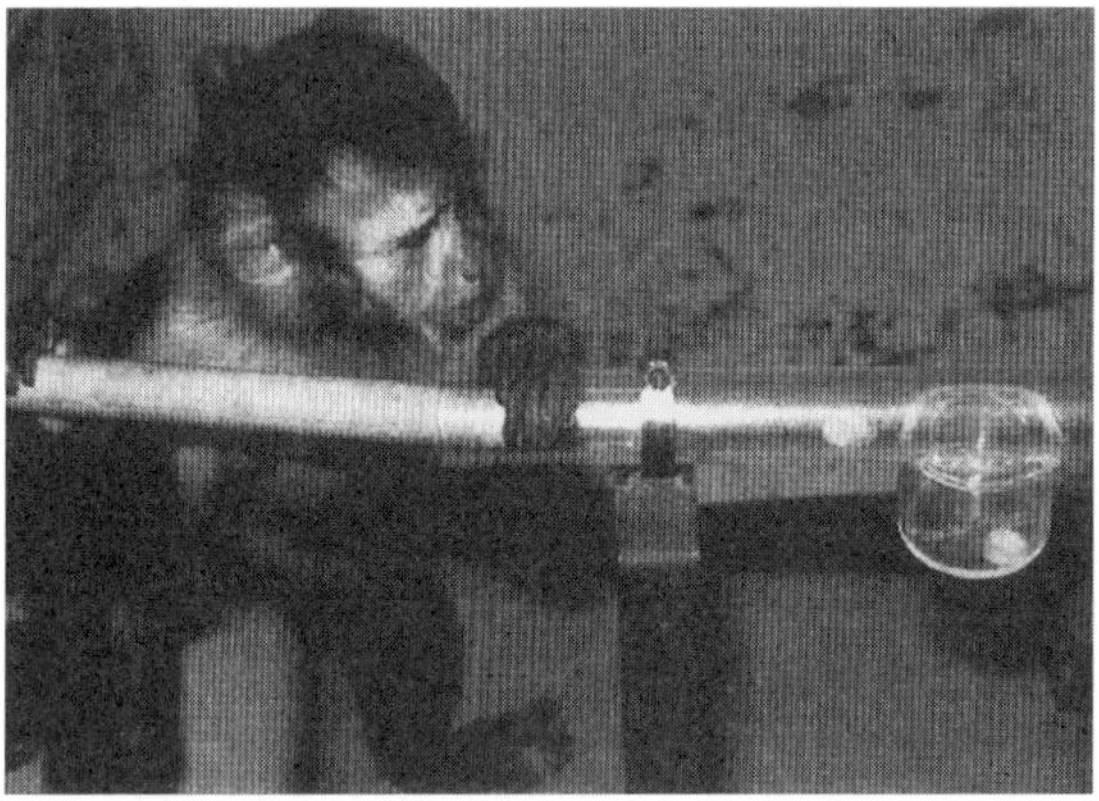

図2-11●落とし穴付きの筒課題を解こうとして失敗するオマキザル（Visalberghi & Limongelli, 1994 より引用）

べ物を置く。棒を食べ物に近い側から押していくと落とし穴に落ちるので、穴をまたいで棒を突っこまなければならない。簡単なように見える課題だが、四頭のオマキザルのうち、これを習得したのは一頭だけだった（図2-11）。

このサルは落とし穴の働きを理解したのだろうか？　それを調べるために、ヴィザルベルギは落とし穴のある筒を上下逆さまに設置してみた。この場合には落とし穴は機能しない。つまり、棒はどちらから突っこんでも良い。しかしこのサルは、「落とし穴」をまたいで、棒を突っこみ続けたのである。これらのことからヴィザルベルギらは、オマキザルはこの道具使用に関わる因果関係を理解していない、と主張した（文献101）。

しかしこの実験にはいくつかの問題があり、オマキザルの因果認識能力を過小評価している可能性がある。第一に、食べ物を筒から押し出すという行為自体にはらむ問題である。動物にとって、食物は通常自身の方向に引き寄せて食べるものなので、これは一種の回り道課題になっていて、サルに余計な認知的負荷をかけているかも知れない。第二に、実験は集団場面でおこなわれており、筒の向こうに押し出された食物が、必ずしも道具使用者にわたらないことである。第三に、上下逆に取り付けられた落とし穴課題で、棒を遠い方から入れることは別に間違いではない。サルはそれで報酬を手に入れられるわけだから。

オマキザルは因果関係を理解していないのか――詳細な実験的検討

黒島妃香、浅井沙織、佐藤義明とともに、もっと単純な場面で、道具使用にまつわるフサオマキザルの因果認識を分析した（文献31、80）。

サルを実験用ケージに入れ、前にテーブルを置く。テーブルの上に、同じステッキ型の2つの道具と食物を置く。一方の選択肢の方は、道具の内側に食物が配置されており、道具の柄を持って引き寄せるだけで食物が手に入る。もう一方の選択肢は、食物が道具の外側に配置されており、柄を引くだけでは食物は手に入らない（図2-12、カラー口絵v）。六つの問題とそれの左右を入れかえたもの一二題を一日分としてしばらく訓練すると、四頭のサルは、簡単に食物が手に入る方の選択肢を引くようになった。

そのあと、この課題でサルが何を学んだのかを調べるために種々のテストをおこなった。新たな色の道具、新たな配置、新たな形の道具に対しては、ほとんど問題なく正解した。しかし、道具あるいは食物の通り道に、障害物あるいは落とし穴を設けると、成績は著しく低下した。つまりサルは、道具と目標物（食物）の二項目間の関係にまつわる因果を理解しているが、それに環境の状態（障害）を加えた三項目間の因果関係は理解していないように思われた。ヴィザルベルギの落とし穴課題は、食物と棒と落とし穴の三項目間関係が含まれている。この時点では、サルの因果認識の限界がここに見て取れるように思われた。

しかし、もともとの訓練課題には二項目間関係しか含まれていない。サルはそのために、あえて三項目間関係を考慮に入れなかったのかも知れない。その方が、認知的負荷が少なく経済的である。

三項目間関係の認識は、本当にオマキザルの知性の限界を超えているのだろうか。そうも思えない。実をいうとフサオマキザルは、チンパンジーによく似た木の実割り行動をする（図2-13、カラー口絵viii）。堅い石の上などに木の実を置いて、上から石をぶつけて割って食べるのである。台石は持ち運ばれることがないので、こちらは道具と言うより環境の選択であるが、この行動は、道具と標的食物と環境の三項目間の関係を含んでいる。もちろん、因果認識を伴わない単なる動作学習である可能性もあるが、オマキザルが三項目間関係に基づく因果認識を持たないと結論するのは早いように思われた。

そこで、上の二選択課題を学習したサルを二頭ずつにわけ、障害物、落とし穴のうち、一方の障害について正しい選択ができるまで訓練した。テストで用いられた一二問を使った。三頭はおおむね一〇日程度で正しい選択ができるようになった。落とし穴を訓練した二頭のうち一頭は学習に時間がかかったので、途中で障害物に切り替えたところ、速やかに学習した。

そのあと、新たな配置、新たな道具でテストしたところ、どのサルもよい成績を示した。さらに、訓練で使われなかったタイプの障害に変えてテストした。障害物で訓練したサルは落とし穴で、落とし穴で訓練したサルは障害物でテストをしたわけだ。すると、素晴らしいことに、このテストでもサルは好成績を上げたのである。つまり、障害を用いておこなった訓練で、サルはその特定の道具、配置、障害について個別に学んだのではなく、道具と目標物と環境（障害）の三つの項目を同時に考慮に入れなければならないということを学んだのである。二項目の訓練で三項目課題が解けなかったのはサルの認知的限界なのではなく、サルの「手抜き」学習のせいに過ぎなかったのである。これはオマキザルがナッツ割りをするという事実ともよく合う結果である。ヴィザルベルギらの落とし穴付き筒実験でオマキザルが失敗したのは、何か他の阻害的要因によるものであったのだろう。

動物たちの因果認識は思いのほか深いものであるかも知れない。野生チンパンジーは、ナッツ割りをするとき、台石の下にくさびのような石をかませて、表面が水平になるように調節するという報告がある。これは四要因の因果関係の認識である。飼育下では、ハンマーの重さやナッツの方向などに応じて、ハンマーを打ち下ろす速度や角度を微妙に調節することが確認されている。森に帰す訓練を受けているオランウータンは、コックが火をおこす様子を見て、それをそっくり再現したという報告もある。これにも、まき、火だね、灯油、あおぐもの、の四つが関係している（灯油を注ぐカップも使われた）。

問題を解けないと動物はさまざまな工夫をする。右のオランウータンは、うまく火がつかないと、灯油を新しいものに変えたり、フタであおいだりという、巧妙な行動の調整をおこなっている。結局火はおこせなかったので事なきを得たのではあるが。また先ほどのニューカレドニアガラスは、筒からおもりを引き上げるのに、針金の先を折り曲げてカギを作ったという。

極めつけはニホンザル。志賀高原地獄谷の野猿公苑には、透明の筒に石を投げ入れて中の食べ物をはじき出して食べるニホンザルがいる。常田英士さんたちは、ある時、筒を二か所で折れ曲がったものに変えてテストをした（文献92）。石を投げ入れてこの中の食物を取るのは難しい。しかし一頭の母ザルは、石の代わりに自分の小さな子ザルを筒の中に押し込んだ。子ザルにとっては、筒は十分に太い。子ザルが食物に手をかけると、母ザルはこの子の足をつかんで引き出して、食物を奪ってしまったのである。何とも無情な母であるが。

こうした複雑で多様、かつ創造的な行動を、因果関係の理解の伴わない単純な動作学習、と主張することにはかなりの無理があるように思う。動物はさまざまな要因を結びつけて脳内で処理し、結果を予測して行動しているといえる。

column

コラム03 霊長類の中のヒト

この本で取り上げた内容には、霊長類に関するものがたくさん含まれています。霊長類は、ヒトを含むいわゆる「サル」の仲間ですが、少しその系統関係を整理しておきましょう。

分類の単位としては、霊長類は霊長目《もく》と呼ばれ、イヌ、ネコなどの食肉目、ウシやヒツジなどの偶蹄目などと同じレベルの分類群です。霊長類の系統が他の哺乳類から分岐したのは、およそ今から六五〇〇万年くらい前のことだと考えられています。プレシアダピス類と呼ばれる当時の霊長類（霊長類に入れない研究者もいます）は、トガリネズミ、モグラ、ハリネズミなどの食虫類に近い形態の動物であったようです。現生の霊長類は、キツネザル（レムール）類やロリス類を含む原猿亜目と、それら以外の真猿亜目に分けられます。これらのグループは、およそ五五〇〇万年前に分岐したと考えられています。原猿亜目は夜行性のものが多く、手足に平爪とかぎ爪が混在しています。漫画や童謡で知られるブッシュベイビー（ガラゴ）やアイアイもこの仲間です。

真猿亜目は、メガネザル下目、広鼻下目、狭鼻下目が区別されます。メガネザル類は、およそ五〇〇〇万年前に他のグループから分岐したと考えられています。以前は原猿類に分類されていましたが、現在ではこの分類が主流になっているようです。広鼻下目と狭鼻下目が分岐したのはおよそ三五〇〇万年前のことだと考えられています。

広鼻下目（広鼻猿類）は新世界ザルとも呼ばれ、中南米に分布しています。オマキザル科とマーモセット科が区別され、前者にはリスザルやクモザル、ホエザル、オマキザル、ヨザル、後者にはマーモセットやタマリン、ゲルディモンキーが含まれます。このグループの特徴は鼻孔が鼻の両側を向いて開口していることで、広鼻猿類の名称はそれに由来しています。「もと原猿」のメガネザルを除くと、ヨザルは真猿類唯一の夜行性グループです。樹上性の強いものが多く、全体に狭鼻下目の種に比べると小型です。ピグミーマーモセットなどは、体重が一二五グラム程度しかありません。

狭鼻下目（狭鼻猿類）は、その名の通り鼻孔が鼻の下を向いて、隣り合わせに並んで開口しています。旧世界ザルとも呼ばれ、アジアとアフリカに分布しています。オナガザル上科とヒト上科が区別されます。この二グループが分かれたのは、およそ二五〇〇万年前のことです。前者にはわれわれにはもっともなじみの深いサルが含まれています。すべて昼行性で、ニホンザル、アカゲザル、カニクイザルなどのマカクザルの仲間、ヒヒの仲間、マンガベイの仲間、ベルベットモンキーなどのオナガザルの仲間、コロブスの仲間が含まれます。このグループは極めて広い環境に適応しており、森林から乾燥地帯、熱帯から温帯までに分布を広げています。ニホンザルは北限のサルとして知られています。コロブスの仲間は完全な草食性で、繊維質を消化するための特殊化した胃を持っています。

ヒト上科からは、小型類人猿（本書本文では、類人猿のことを「類人」と表記しています）と呼ばれるテナガザルの仲間が一五〇〇万年ほど前に分岐していきました。彼らは樹上性で、その名の通り腕が長く、まるでアクロバットのように、枝から枝へ飛ぶように渡っていきます。この仲間は現在東アジアにしか分布していません。

残されたグループは大型類人猿の仲間です。ここの分類は研究者によって異なりますが、オランウータンの仲間を独立した科とし、ゴリラ、チンパンジー、ボノボ、ヒトをヒト科とするのが現在の主流のようです。オランウータンの仲間はおよそ一三〇〇万年前に分岐していったと考えられています。オランウータンは樹上性で、森林の中で大きな個体間距離を保って生活しています。以前は単独生活者だと言われていましたが、近年ではものすごくまばらではあるが、近隣の個体同士がコミュニティを作っていると考える研究者もいます。

残るグループからゴリラの仲間が分岐したのはおよそ七〇〇万年前のことだと思われます。ゴリラは巨大で、どう猛なイメージがありますが、極めて穏和な性質を持ち、ほぼ完全な草食動物です。一頭のおとなオスと数頭のおとなメス、および子どもからなる集団で生活しています。

およそ六〇〇万年前に、残ったグループからチンパンジーの系統とヒトの系統が分岐していきました。チンパンジーの系統は約二〇〇万年前にチンパンジーとボノボに分かれました。この二つのグループは、複数のおとなオスとおとなメスを含む社会構造と体つきの面ではよく似ていますが、その性質には大きな違いがあります。チンパンジーは攻撃性が強く、極めて競合的な性質を持っています。時には殺しあいをすることもあります。ヒトの持つ「獣性」のイメージはこれから作られたもののようです。

それに対して、ボノボは平和主義者で、争いごとの解決に、攻撃ではなく、セックスを手段としてよく用います。メスどうしで性器をこすり合わせる「ホカホカ」と呼ばれる行動の他、おとなも子どもも、頻繁な性器の接触で緊張を緩和しています。

理性的な判断、感情のコントロール、優しさや思いやりなどは、ヒトが「けだもの」ではない証としてよく触れられますが、優しいボノボのような存在が無視されてきたのはなぜなのでしょうか。ドゥ・ヴァールは、それがヒトの優越性を主張する上で好都合だったからだと述べています（Frans de Waal (2005) *Our inner ape*（藤井留美訳（2006）『あなたのなかのサル』早川書房））。ヒト以外の類人猿の中でチンパンジーだけに特筆される高い攻撃性を見ると、こうしたヒトの「けだものでない証」はむしろ類人猿の共通の性質だったようにすら思えます。そうだとすると、ヒトを特徴づけるものは、むしろ戦争や無差別殺戮を犯してしまう「超」攻撃性にあるとすら言えるのかもしれません。「汝の隣人を愛せよ」などという道徳律をあえて教えなければならないのは、そのためなのかもしれません。

コラム04 身近なものほど区別がよくつく

column

ゴリラとチンパンジーとヒト。どれとどれが似ていると思いますか。「ゴリラとチンパンジーに決まっとるやろ。何言うとんねん、アホ」という罵声が聞こえてきそうですね。

しかし、遺伝的には、チンパンジーとヒトの距離が近くて、ゴリラとヒトの距離と、ゴリラとチンパンジーの距離が同じです。チンパンジーとヒトが別れたのは六〇〇万年前、それ以前は両者は同じ動物だったのですから、ゴリラとヒトが分かれた時期とゴリラとチンパンジーが分かれた時期は同じです。信じられないですって？

確かにパッと見た感じ、ヒトは体毛が少ないし、直立二足歩行するのもヒトだけです。だけど、頭に大きな隆起があるのを重視すればゴリラが著しく異なっているし、木登りの技術と、二本の腕だけで、どれくらいの時間、木にぶら下がっていられるか、などを重視すればチンパンジーだけが特異だということになります。チンパンジーにしてみれば、チンパンジーだけが特異で、ゴリラもヒトも一緒くたなのかもしれません。「あいつら、どっちもロクに木登りもできない奴らだ」ってことになっているかもしれないのです。

環境の中にある対象物を認識するとき、われわれはよく知っているものどうしの違いを過大評価する傾向があります。例えば双子の区別は親や友達なら簡単につくけれど、初めて見た場合には違いがわかりません。親から見ると、自分の子どもは意外に自分に似てないなあ、などと思うけれど、近所の評判では「ウリ二つ」だったりします。日本人なら日本人同士の区別は簡単だけれど、西洋人には意外と難しいらしい。

同じようにチンパンジーにはチンパンジーどうしの区別の方が簡単なようです。霊長類研究所の松沢哲郎さんが、チンパンジーのアイに、なじみの人の名前と仲間のチンパンジーの名前を教えたとき、人の名前よりもチンパンジーの名前の方を正確に答えることができました。同じ研究所の上野吉一さんが、フサオマキザルにサルの尿の匂いを識別させる訓練をしたところ、自種に近いリスザルやワタボウシタマリンの匂いを識別することはできたのですが、自種から遠いニホンザルとアカゲザルの匂いの違いは区別することができませんでした。

以前私が、レバーを押すと写真が出てくる手続きで、いろいろなマカクザルの写真をマカクザルに見せたときもそうでした。まったく同じ写真を見せているのに、ニホンザルに見せるとニホンザルに対する反応だけが著しく多く、アカゲザルに見せるとアカゲザルへの反応が多くなりました。つまり同じように異なっているものであっても、自分だけ、あるいは自分に近いもの、よく知っているものが著しく異なって見えるというのは、どの動物種にも共通の認識の制約なのです。

種の独自性、などというものは、このように相対的なものでしかありません。ヒトが「自分たちだけが特異だ、特別なものだ」ということに、さて、根拠はあるのでしょうか。

第3章 欺く、協力する——社会的知性

この章では、社会の中で他個体に対して発揮される知性に焦点を当てよう。近年、知性の社会的側面（社会的知性）が注目され、ヒト以外の動物でもさまざまな研究が展開されている。

1 ヒトはなぜ賢くなったか——社会的知性仮説

この背景には「社会的知性仮説」あるいは「マキャベリ的知性仮説」と呼ばれる考え方がある（文献12、104）。まずこれについて簡単に述べておきたい。

知性を実現しているのは脳である。ヒトの場合、脳は一四〇〇グラム程度、体重の二〜二・五パー

セントの重さの器官にすぎない。ところが、脳はエネルギー消費から見ると著しく大食らいで、体全体の二〇パーセントを消費する。こうした効率の悪い器官が生き残るためには、強い自然選択圧が必要である。大きな脳を持ってよほど得になることがなければ、こんな装置は消えていくはずだ。

ハイテク化された現代社会を生き抜くにはこうした脳の働きは確かに役に立つ。それがなければ現代人としての生活は送れない。私もその恩恵に浸っている一人だ。しかし、ヒトが文明を作ったのはほんの五〇〇〇年前のことに過ぎない。農耕・定住生活を始めたのもほんの一万年前のことである。それまでの数百万年間、人類は狩猟採集生活を送っていた。たかだか一万年で脳が急速に拡大するとは思えないので、おそらくその時代のヒトが近代教育を受けたとしたら、間違いなくコンピュータを駆使できるようになるのだと思う。

だがそもそも、狩猟採集生活をするのに、コンピュータを駆使する能力が必要だろうか。これは、歩いても五分で行けるようなところに、超高級スーパーカーに乗っていくようなものではないか。なぜ一見無駄に見えるような超高級備品を維持しなければならないのか。

社会的知性仮説では、その理由を「社会性」に求める。

われわれは毎日さまざまな対象物に働きかけ、相互交渉しながら生活している。こちらの働きかけに対する社会的対象の応答は、モノに比べて著しく複雑である。道ばたに邪魔な自転車があれば、脇に寄せれば片が付く。しかしそれが人であった場合には、脇に寄せようとしてもどいてくれないかも知れない。無理やりやれば殴りかかってくるかも知れない。モノは複数あったとしても一つずつどければよいだけだが、人が複数いた場合には、ますますややこしい。それらの人どうしや自身との関係を考慮に入れなければ、思い通りには動かせないからだ。社会的対象に対してうまく対処するには、モノに比べてはるかに複雑で多様な情報を同時に処理しなければならないのである。脳はそのために大きくなったのではないか。われわれは、そのようにして社会で進化した脳をモノに対して利用している。その結果、コンピュータの操作や宇宙旅行ができるようになった、というわけだ。

実際、霊長類の仲間では、相対的な脳の大きさは群れの集団サイズと相関を持っていることが知られている。集団が大きくなればたしかに社会的関係は複雑になる。大きな脳はその反映ではないか。つまり複雑な社会を渡っていく能力が知性を育んだのではないか。もしそうであれば、社会的知性の進化を調べることこそが、とりもなおさず知性の進化を知ることにつながるのではないか。こうした考えから、社会的知性が注目されることになったのである。

社会をうまく渡っていくにはどのような能力が必要だろうか。基本にあるのは他者の行動を予測することだろう。例えば、ある個体Aが遠くにあるイチジクの木の方にゆっくりと歩いていくのを、別の個体Bが見たとしよう。個体Bは、急いで先回りをすれば、よく熟れたイチジクをたくさん食べられるかもしれない。このように他個体の行動を予測して、その個体を出し抜くことができれば自分は得をすることができる。さらに進めて、他個体に情報を提供しない、あるいはニセの情報を提供して他者の行動をあやつることができればさらに有利だろう。

社会的知性仮説では、こうした考えに基づき、競合的な側面——いかに他者を出し抜いて自分が得をするか——を強調する。権謀術数を説いたイタリアの政治思想家の名前にちなんで「マキャベリ的知性仮説」とも呼ばれるのはそのためである。

確かに相手をだまして自分が得をすることは、短期的には自分にとって有利かも知れない。しかし本当にそうした競合的な社会的知性だけで、今日のヒトの文化のようなものが築けるのだろうか。より長期的な利益を手に入れるためには、むしろ他者と協力することが重要なのではないだろうか。お互い競合的になり、だましあいになれば、破滅的な結果も生じる。戦争などはそのよい例であろう。協力的な社会的知性の進化についても調べていかなければ、知性の進化の謎はとけないような気がする。道徳や思いやり、優しさ、こうした「人間的」といわれてきた諸特性はどのような進化を遂げたのか。それらは喜び、悲しみ、怒り、恐怖、嫌悪、軽蔑、ねたみなど、細分化された感情とどのように関係するのか。これらはヒトの知性を動物たちのそれらの中に位置づける上で重要な問いだろうと思う。

この章では、ヒト以外の動物に見られる社会的知性を、その競合的側面、協力的側面に分けて話をしようと思う。またそうした知性を形作る種々の下位能力についても紹介したい。

2　他者をだまして得をする——競合的な社会的知性

子どもと動物は正直だとよく言われる。動物はウソをつかないから好きだという人もいる。小さな子どもに関していうと、それは正しい。子どもがおとなをだませるようになるのは四歳になってからである。ラッセルらは、子どもとおとなの間で「チョコ争奪ゲーム」をさせた。子どもの年齢は三歳と四歳である（文献79）。

まずこのゲームの仕組みを子どもに教える。子どもとおとなの間に二つの箱が置かれた。箱は不透明で中は見えない。実験者は、どちらにもわからないように、一方の箱にチョコを隠した。その後、子どもはおとなに対して開けてほしい方の箱を指示する。もし箱にチョコが入っていると、それはおとなのものになるが、箱が空だったなら、チョコは子どものものになる。どちらにチョコがあるかはわからないから、子どもはでたらめに選ぶしかない。これを一五回繰り返した。

次に箱を片方に窓の開いたものに取り替える。窓は必ず子どもの方に向けておかれる。つまり子どもからは、どちらの箱にチョコが入っているか丸わかりである。今度は簡単だ。子どもは、チョコの入っていない箱を指示すれば、一〇〇パーセントチョコを手に入れられる。ラッセルらは、この対戦を二〇回繰り返した。

その結果、四歳児は、一六人中一〇人が第一試行から空の箱を指示することができた。ところが、三歳児でそれができたのは一七人中一人だけだった。もっと驚くのは、この二〇回の対戦中、一度も空の箱を指示できなかった三歳児が一一人もいたことである。三分の二の三歳児は全戦全敗だったのだ。

三歳児は、見えているチョコに惑わされたのかも知れない。チョコが見えていると、思わず手を伸ばしてしまうのをコントロールできなかったのかも知れない。動物にも似たような現象が見られる。オハイオ州立大学のボイセンらは、チンパンジーに一個の食べ物と複数例えば四個の食べ物を見せ、向かいにいるチンパンジーに渡す方の選択肢を指さすことを訓練した。つまり一個を指すと自身は四個の食べ物がもらえるが、四個を指すと一個しかもらえない。簡単そうに見えるが、チンパンジーはこれを学習することができなかった（文献8）。同じ現象はニホンザル、リスザル、原猿類の一種クロレムールなど多くの種で確認されている。しかし、課題を少し変えて「一個を指すと四個の食べ物がもらえるが、四個を指すと全くもらえない」というようにすると、多くの動物はこれを学習することも知られている（例えば文献84）。上に述べた子どもの実験は、この改良版課題に近いので、ほしいものに手を伸ばすという反応のセルフコントロールが十分にできないことだけが問題だとは思えない。

つまり、三歳児は他者をだませない。同様の結果は、他にも得られている。保育士さんたちに聞いても、年少さんは人をだませない。ウソをつくのは年中さんからという答えが返ってくる。

他者の心を推測する——心の理論と誤信念課題

四歳というのは、ちょうど「心の理論」ができあがる時期である。「心の理論」とは、チンパンジー研究の大御所であるプリマックが名づけた働きで、他者には自分とは異なった心の状態——願望、意図、信念、知識など——があるという認識である。これにはいろいろなレベルがあり得るが、一応の完成版の検査として、「誤信念課題」というのがある。これは例えば次のようなテストである。

幼児に人形劇を見せる。まもる君がケーキを食べている。半分食べたところで、まもる君は、残りを後で食べようと、食器棚に片付けて遊びに出ていった。次に、お母さんがやってくる。お母さんは、食器棚に入ったケーキの残りを冷蔵庫に片付けてしまう。そのあと、残りを食べようと、まもる君が帰ってくる。

こうした劇を見せた後、まず、ケーキはいまどこにあるかな、と幼児に尋ねる。これはストーリーが理解できたことの確認で、答えはもちろん冷蔵庫の中である。次に、まもる君はどこを探すかな、と尋ねる。するとほとんどの三歳児は「冷蔵庫の中」と答えるのである。まもる君は、お母さんがケーキを移動したのは知らないはずだから、正しい答えはもちろん「食器棚」である。つまり三歳児は、自分が目撃して知っていることと、他者の知っていることが一致しないことがある、ということを理解していない。こうした問題に正しく答えられるようになるのは四歳からなのである。

相手をだますということは、自分の見えるものと他者から見えるもの、あるいは自分の知識と他者の知識などが異なる状態を作り出し、それを利用して利益を図ることである。自他の知覚的状態や知識状態が異なることを理解できなければ、だますことは難しいだろう。三歳児が人をだませないのは、こうした理解が十分成熟していないことが、ひとつの理由だと思われる。

動物も嘘をつく――欺き行動のエピソード

では動物はどうか。英国セント・アンドリューズ大学のホワイトゥンとバーンは、世界中の霊長類研究者に、「野外観察や実験室で、霊長類が他者を欺いたと思われるエピソードがあれば報告してほしい」と依頼した。それまで欺き行動は科学論文の中にはほとんど出てきていなかったにもかかわらず、世界中から二五三件の報告が寄せられた。それらを、動物がその結果を手に入れるために注意深く行動したか、他者が真実でないことを信じこませられたという証拠はあるか、専門家が見てその行動が通常の行為ではないものだったか、などの基準でふるい分けたところ、一一七件は欺き行為であると解釈可能なものであった（文献11、13）。

研究者は、一度しか見なかったもの、偶然かも知れないものを論文にはしたがらない。科学論文では再現可能性が重要視されるからだ。欺き行動は、その性質上、高頻度で起こるはずはない。年がら年中ウソをついていては効果がなくなるからである。オオカミ少年だ。だが研究者らは、これだけ多くの観察事例をあたためていたのである。

バーンの本（文献11）から、いくつか面白い事例を紹介しよう。

バーンはチャクマヒヒの群れを観察していた。食物が少なくなる乾期には、地面の中の球茎（クワイやサトイモのように地下茎の一部が肥大したもの）が、ヒヒの貴重な食物である。しかし乾期には地面がカラカラになるので、掘り出すのは大変だ。ある時メルという若メスが、球茎を掘り出そうとしていた。もう少しで掘り出し終えるというちょうどその時、ポールという子どものヒヒが通りかかった。ポールはあたりを見回してから、大声で悲鳴を上げた。すると近くで採食していたポールの母親がやってきた。母親はメルを威嚇して追い払った後、もとの採食場所に戻った。こうしてポールは首尾良く球茎を手に入れたのである。ポールはメルからいじめを受けたわけではない。しかしポールの母親はきっとそう思っただろう。ポールは、あたかもメルからいじめられたふりをして、まんまと食物をせしめたように見える。

似たような事例は、チンパンジーではよく見られるらしい。例えばゴンベ国立公園の群れを観察しているグドールの報告によると、離乳期の子どもは、母親から授乳を拒否されると、ときおり薮の中を覗きこんでわけもなく悲鳴を上げるという。そうすると母親がやってきて、子どもを胸に抱きかかえてくれるのだ。同様の事例は、マハレ山塊の群れを観察している、日本モンキーセンターの西田利貞からも報告されている。この場合は、子どものチンパンジーが西田の方を指し示しながら悲鳴を上げたという。西田は身の危険を感じてその場から離れた。西田は何もしていない。そのあとその子どもは授乳を許されたのである。

これらは、悲鳴を上げれば母親がやってきて助けてくれる、あるいは優しくしてくれる、ということを学習した結果とも解釈できる。こうした場面は日常生活の中にたくさんあるだろうからだ。しかし次のチンパンジーの事例はどうだろう。

駆け引き——欺き行動への対抗戦術

ゴンベ国立公園のプローイエの観察である。この観察がなされたとき、ゴンベではチンパンジーにバナナを給餌していた。できるだけ平等に分け与えるため、開けた場所で、順番の回ってきた個体にだけ、遠隔操作で錠の開けられる箱を使って給餌していた。

あるオスが通りかかった、カチッという音がして、錠があけられた。そこへ、順位の高い別のオスがやってきた。一頭目のオスは箱をあけに行かず、無関心を装った。二頭目のオスはその場を通り過ぎたが、見えない場所まで来るやいなや、木の陰に身を隠して一頭目を監視し始めた。そうしてフタがあけられるとやってきて、バナナを奪ってしまったのである。こうした場面がそう頻繁に生じることはないだろうから、単純な学習とは思えない。一頭目は情報を隠そうとした。二頭目のチンパンジーはその意図を見抜いて、確実にバナナが手にはいるように、何も気がつかないふりをしたというように解釈するのが自然ではないだろうか。

欺き行動はいつもうまく行くとは限らない。相手は対抗戦術を取ってくる。一つの手がうまく行かないときには、別の手を考えることも必要だ。実際、チンパンジーどうしの間では、そのようなだまし合いが展開されうることを示す観察もある。

米国デルタ地域霊長類センターのメンゼルは、約一エーカー（約四〇〇〇平方メートル）の放飼場で飼育されている、六頭の子どものチンパンジーどうしの、空間的知識の伝達について研究していた。放飼場内のさまざまな場所に、六個の食べ物を隠し、誰にもそれを見せない条件と、一頭にだけ場所を教える条件を比較していた。場所を教えたのは、駄々をこねずに隣接するホームケージに帰るバンディットとベルという個体に限定した。このようにすると、食物の場所を教える条件では、ほとんど二分以内に食物を見つけることができたが、教えない条件ではほとんどできなかった。チンパンジーは食物の内容についてもある程度コミュニケーションしている様子で、隠し場所を二カ所にして、それぞれのチンパンジーに別々の場所を教えたとき、両方の隠し場所が好物の果物であるとき、両方とも野菜であるとき、あるいはベルが果物、バンディットが野菜を見たときには、集団はベルについて行った。ベルの方が仲間の信頼を得ていたようである。しかしベルが野菜、バンディットが果物を見たときには、半分以上の試行で集団はバンディットについて行った。

こうした実験を続けているうちに、ベルと集団の最上位個体ロックの間で、面白いやり取りが数ヶ月にわたって展開されることになった（文献57）。ロックのいない条件では、ベルは集団を引き連れて一目散に食物に向かった。しかしロックがいると、次第にベルはすぐに隠し場所に行かなくなった。ロックがベルから果物を奪ってしまうようになったからである。

ベルはロックが近くにいるときには、隠し場所にじっと座って食物を取り出さなくなった。ロックはすぐにこれを見抜き、ベルを押し退けて座っていた場所を探すようになった。ベルは隠し場所に行く途中で、立ち止まって座るようになった。するとロックは、その付近の草むらをかき分けて探すようになった。ベルは次第に離れた場所に座るようになり、ロックが反対側を向くまで食物を取りに行かなくなった。ロックは気がそれたふりをし、ベルが動き出すまで待つようになった。

ロックはベルを監視し、ベルの動きに応じて探し場所を調整するようになった。ロックが食物の近くに来ると、ベルは落ち着きがなくなり、秘密をばらしてしまうこともよくあった。ほんの二〜三回だが、ベルは集団をあらぬ方向に連れて行って、ロックがうろうろしている間に、急いで食物を取りに行ったこともあった。

食物の山とは別に、三メートルほど離れたところに一つだけ食物を隠した試行を設けると、ベルはロックをそこに連れて行って、そのスキに大量の食物を手に入れたこともあった。やがて、ロックが一つの食物を無視してベルを見張るようになると、とうとうベルはかんしゃくを起こしたのである。

グドールも、あるチンパンジーのオスが、大量の食物を発見したとき、集団を別の方向に誘導してから、戻ってきてそれを独り占めしたエピソードを報告している。霊長類研究所の松沢哲郎も平田聡も、メンゼルの実験によく似た事態で、同様の駆け引きを観察している。チンパンジーは極めて個体間の競合性の強い動物である。ひょっとすると彼らの集団では、こうしただまし合いは、日常的に起こっているのかも知れない。

欺き行動を学ぶ

こうした自然的あるいは実験的観察は、極めて興味深い事実を明らかにしてくれるが、さまざまな複雑な要因がからむので、詳細な分析は難しい。そこで欺き行動は、実験室のよく統制された場面でも研究されている。

プリマックらは、チンパンジーの手の届かない場所に二つの不透明の箱を置き、チンパンジーに見せながら一方に食物を入れた（文献107）。そこに、どちらに食物が入っているかを知らない協力者が入ってくる。チンパンジーは、開けてほしい箱をジェスチャで示すことにより、食物を与えてもらうことができた。安定して指示ができるようになった後、覆面をしてサングラスをかけた、いかにも悪そうな人物が入ってくる条件が加えられた。この人物は、チンパンジーが指し示した箱に食物が入っていると、それを自分で「食べて」しまったのである。しかしそれが空の箱であった場合には、この人物は、くやしそうな仕草をしながら部屋の隅に移動した。このあと実験者が入ってきて、チンパンジーをほめながらもう一つの箱を開けて、中の食物を与えたのである。これを続けると、四頭中二頭のチンパンジーは、悪人に対してはでたらめに箱を指示するようになった。残る二頭は、悪人に対して空の箱を指示するようになった。つまり善人に対しては正しい情報を与えるが、悪人に対しては、二頭は情報を与えない、二頭は虚偽の情報を与える、というように行動が変化したのである（文献107）。

チンパンジーはこのように欺き行動を学習する。フサオマキザル（文献1）、リスザル（文献58）、クロレムール（文献34）でも同様の事実が報告されている。しかし、この学習は、選択肢を指示するときに直接食物が見えているわけではないけれども、基本的に先述のセルフコントロール課題と同じことである。つまり、事態に応じて、報酬のある方に手を伸ばすという強い傾向は制御できる、ということを示すだけのものかも知れない。これを意図的な欺き行為であるということは難しい。

自発的欺き行動の実験的研究

積極的な訓練をしないで自発的な欺き行為の出現は例証できないだろうか。われわれの研究室で、フサオマキザルどうしの食物競合場面を実験的に作り出し、そこで生じる自発的な欺き行動を検討してみた（文献32）。

優劣順位の異なる二頭のフサオマキザルを、対面する透明のケージに入れ、その間に二つの餌箱を置く。一方の箱に餌を入れる。餌箱にはしかけがあって、劣位個体の側からは中身が見えるし、フタを開けることもできる。他方優位個体の側には不透明テープが貼ってあって、箱の中身は見えないし、フタを開けることもできない。

優位個体の役割を演じるのはヘイジという集団の最優位オス、劣位個体を演じるのは四頭のメスと子どもである。この対戦に行く前に、劣位個体には、ヒト実験者を相手に、確実に餌の入った方の餌箱を開けて餌を取ることを訓練しておいた。他方、優位個体には、実験者の開けた餌箱をまさぐって餌を取ることを訓練しておいた。

その後、優位個体と劣位個体を対戦させた。優位個体の側に不透明の衝立を置いて目隠しをし、劣位個体の側には透明の衝立を置いて手が出ないようにし、一方の餌箱に餌を入れフタを閉めた。劣位個体側からは一部始終が丸見えである。準備ができると、まず優位個体側の衝立を取り外した。五秒後、今度は劣位個体側の衝立を外した。いよいよ対戦である。

この事態で、劣位個体は当然餌の入った箱を開けに行く。首尾良く餌を手に入れられればよいのだが、向かいに優位個体がいるので、開けたはよいが、餌を強奪される恐れが出てくる（図3-1）。劣位個体の一つの対抗策として、空の箱を先に開けて、優位個体がそれをまさぐっているスキに、反対側の箱を開けて餌を取るという戦術が考えられる。

対戦を繰り返すと、四頭中二頭の劣位個体は、全試行の一〇パーセント以上の割合で、「逆開け」

と名づけたこの戦術を取るようになった。

単純な可能性としては、それまで一〇〇パーセント餌を取れていたのが、優位個体の存在で餌獲得率が低下したため、反応が不安定になったことが考えられる。そこで、餌箱に「食物自動落下装置」と名づけた簡単なしかけを取り付け、優位個体が向かいにいない状況で、優位個体に奪われたのと同じ割合だけ餌が自動的に落下するようにした。このテストでは、逆開けはほとんど見られなくなった。つまり逆開けは餌獲得率の低下のせいではない。ただ、餌箱の概観は微妙に変化したので、最後にもう一度、この新しい餌箱でヘイジとの対戦をテストした。するとシータというメスの方は、やはり一〇パーセント程度の試行で逆開けをした。ただし、もう一頭のピグモンというオスの子どもの方は逆開けをやめてしまった。しかしこの個体の行動をよく観察すると、優位個体側の衝立が取り去られてヘイジがスタンバイ状態になり、自身の側の透明衝立が取り去られるまでの間は、空の箱の側に滞在していることが多かった。この個体は、よりマイルドな欺き戦術に切り替えたのかも知れない。というのも、この実験期間中、ホームケージにおけるケンカが多くなったからである。最優位メスのジラがケガをしたこともあった。「江戸の仇を長崎で」といったところだろうか。

逆開けは、実験者が積極的に訓練したものではない。また面白いことに、逆開けをしたからといって、実際の餌の獲得率は向上しなかった。したがって、これは単純に報酬で強化されて増えた行動ではない。欺き行動としてはあまり有効ではなかったかも知れないが、オマキザルが、このような形で

(a)

(b)

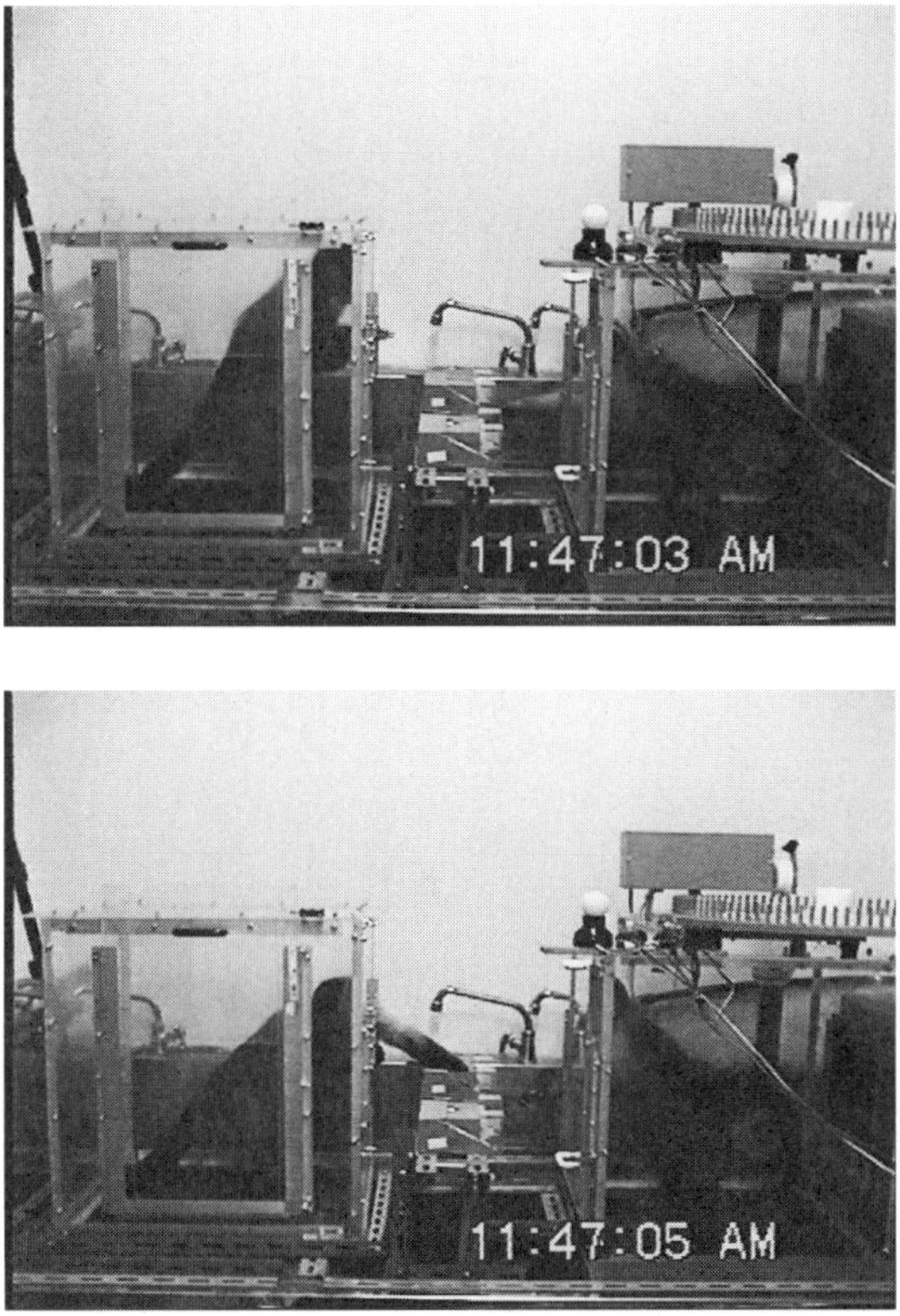

図3－1●フサオマキザルどうしの自発的欺き行動を調べる実験の様子。(a)劣位個体（右側）が食物の入った箱を開けている。(b)開けられた箱から優位個体（左側）が食物を強奪している。（撮影：黒島妃香）

行動を調整する社会的能力を持っていることは疑いのないところである。

3　他者を助ける——協力的な社会的知性

協力はヒトの大きな特徴であるが、協力行動は進化の面から見るとなぞに包まれている。なぜなら、進化は個体が自身の子孫をどれだけ残せるかで決まるので、他者を助ける行為は自身を不利にするだけだからだ。これまでに、いくつかこの謎を説明する原理が提案されている。まずそれを紹介しよう。

協力行動の進化——遺伝的基礎を持つ協力行動

協力行動は、アリやハチなどの社会性昆虫でよく発達している。彼らの社会には女王がいて、他の個体はせっせと餌を集めたり幼虫の世話をしたりして女王を助ける。

こうした行動は、実は血縁選択といわれる考え方でうまく説明されている。血縁選択とは、自身と同じ遺伝子を持つ個体の繁殖を助けることにより、結果的に自身の遺伝子を後世に伝える確率を高めることによって実現される自然選択である。例えばヒトの場合、きょうだいの間の遺伝子は二分の一の確率で共有されている。そうすると、自身は繁殖しなくても、同じ遺伝子を持ったきょうだいの繁殖の成功率を二倍以上にすることができれば、その協力行動は自身が繁殖するよりも結果的に有利になる。同じコロニーにいる働きアリや働きバチは、女王と姉妹なのだが、少し変わった繁殖システムのために、同じ遺伝子を互いに四分の三の確率で共有している。そのため、女王を助けることは自身を助けることとあまり変わりがない。

しかし、ヒトの場合には、まったく血縁のない相手とも協力する。これを血縁選択で説明することはもちろんできない。こうした行動を説明する原理に、相互的利他行動がある。相互的利他行動とは、ある個体Aがある個体Bを助けたとすると、後刻個体Bが個体Aを助けることである。困っている個体が助けてもらうことの利益が、困っている個体を助けることのコストよりも大きければ、この相互的利他行動は維持される。

相互的利他行動の実例は意外に見つからないのだが、よく引用される例の一つがチスイコウモリである。このコウモリは大きなコロニーを作り、哺乳類の血を吸って生きているのだが、十分な血を吸えないと生命の危機に陥る。こうしたとき、コロニー内の個体で十分に血を吸ってきた個体は、弱った個体にそれを分け与えるのである。逆の立場になると助けられたコウモリは返礼をする。こうした行動には、確実な個体認識と確実な過去の出来事の記憶が必要なので、高度な神経系を持った種でなければ実現は難しい。

これらは、いずれも遺伝的に組み込まれた協力行動を説明する理論である。ヒトの協力行動にも確かに相互的利他主義の側面がある。お世話になった相手にお返しをするのは世のならわしである。お返しが大きい場合には美談にもなるし、付け届けやワイロのたぐいは、こうしたことの暗い側面である。

しかしながら、ヒトの協力行動にはそれらでは説明できないものも多い。ヒトはどれだけ信頼できるかわからない初対面の相手とも協力するし、たった一度しか生じないであろう事態でも協力する。名前も名乗らずに親切に傘やお金を貸してくれる人もいれば、線路内に落ちた見ず知らずの人を助けるために、身の危険を冒して飛び降りる人もいる。どうもヒトは、自身の損得を考えて行動しているようには思えない。利他的処罰といって、自身の身銭を切って、不当な行為をした相手を処罰することもある。自分は損をしても、あいつは許せない、という行動である。

こうしたことのすべてが遺伝的に決められているとはとても思えない。ヒトの協力行動には不可解な面が数多くある。これらは学習によって獲得されたものと理解すべきであろう。

集団で狩りをするチンパンジー――学習性の協力行動

野生動物の協力行動は、エピソードとしてはよく語られるのだが、きちんとした報告は少ない。しかしコートジボワールのタイの森でチンパンジーを継続観察しているボッシュ夫妻によると、ここのチンパンジーは、しばしば協力して狩りをするという（文献6）。チンパンジーは、追い出し役、封鎖役、追いかけ役、待ち伏せ役等に分かれて、主としてアカコロブスというサルを狩るのである。こうした分業を伴う狩りは、チンパンジーの他の集団ではほとんど報告されていない。この群れ特有の学習性の行動であろうと思われる。

アカコロブスは、ほぼニホンザル程度の大きさのサルで、樹冠部が主な生活場所である。細い枝にじっとしていれば、チンパンジーに狩られる心配はない。チンパンジーがこの不利を克服する方法は二通りあって、一つは、樹冠が切れるあるいは不規則になる場所に追いこむやり方で、タンザニアのゴンベやマハレ、ウガンダのキバレでは、これが主要な方法になっているという。二つめは、タイで見られるように集団で協調して狩る方法で、樹冠のある場所でも可能な戦術である。

サルを見つけると、まず一頭が木にこっそり五メートルくらい登る。通常サルには気づかれないらしい。まれに二頭目が別の木に登ることもある。他の個体は、サルの逃亡ルートを予測して地上を移動する。チンパンジーに気づくとサルは駆け上がる。木に登った個体の役割は、サルを特定の方向に追いやることである。地上にいる他のチンパンジーは追跡し、サルの居場所をつねに確認しながら、個々にサルの行く手をさえぎるような動きをする。これらの追い出し役は、樹上でサルを追跡するが、自身では捕まえようとしないのが普通だという。

この段階では、通常サルはまだ集団でいる。チンパンジーはサルを一方向に逃げるように促す。複数方向に分かれようとすると、封鎖役がひとり木に登って、その存在だけで逃走路を塞ぐ。この役割になるとチンパンジーは動かない。狩りの進行とともに、別の個体が木に登って、追い出し役を交代することもある。他の個体は追いかけ役の役割を受け持ち、素早い追跡でサルを捕らえようとする。チンパンジーは標的になるサルを選んで、孤立させようとする。子持ちの母親か、あるいは小集団が多い。切り離しが完了すると狩猟は激しさを増す。複数の追いかけ役が、別々の方向からやってくる。

最後に登場するのは、待ち伏せ役である。待ち伏せ役は、はるか前からサルの逃走ルートを予測して、サルが逃げこむであろう木にいるのである。待ち伏せ役は、サルを追いかけ役の方に引き返させるか、あるいは低いところに移動させて、捕らえるチャンスを高める。低部ではチンパンジーの方が速く動けるので、あえなくサルはチンパンジーに捕らえられてしまう。

ボッシュ夫妻は、狩りを例にあげて、協力を四つのレベルに分けている（文献7）。第一のレベルは「類似（similarity）」で、すべての狩猟者が同一の獲物に対してよく似た行為をとっているが、その間に、空間的にも時間的にも協調はない。しかし二個体以上は常に同時に行動しているものである。第二のレベルは「同期（synchrony）」で、複数の狩猟者が同一の獲物に対してよく似た行為をとっており、他者の行為と時間的に関連を持たせようとしている。第三のレベルは「協調（coordination）」で、複数の狩猟者が同一の獲物に対してよく似た行為をとっており、他者の行為と時間的にも空間的にも関連を持たせようとしている。第四のレベルが「協働（collaboration）」で、複数の狩猟者が同一の獲物に対して異なる相補的行為を向けているものである。

タイの森のチンパンジーの狩りは、この第四のレベルに相当する。イヌ科の動物やライオンは集団で狩りをするが、それぞれの個体が、同一の獲物に対して異なる相補的行為を向けているわけではない。協働は自然界では極めて珍しい行動である。

他者の役割を理解する——実験的な協力行動の分析

おそらく協働が少ないのは、この協力行動が他者の役割の理解を必要とするからだろう。他者の役割理解に関しては、実験的な協力場面を利用して、これまでいくつかの検討がおこなわれている。

例えばメイソンらは、マジックハンドのようなアーム付きの装置を、二頭のアカゲザルの間に数本並べた。一方のサルからは、どのアームに餌が入っているかが見えるが、アームを引く操作はできない。他方のサルからは、餌の在りかはわからないが、アームを引く操作はできる（文献52）。餌のあるアームを動作者が引くと、両方のサルが同時にそれぞれ餌を手に入れることができた。一頭を情報提供者として固定し、もう一頭を動作者として固定すると、徐々に協力行動の成功率は上昇していった。しかし、役割を交代すると、協力行動はまったくできなくなった。彼らは再度一から学習しなければならなかったのである。同じ装置を用いてポヴィネリらは、アカゲザルとヒトの間の行動を分析したが、結果は同じであった（文献77）。同じような実験をチンパンジーとヒトの間でおこなうと、この場合には他者の役割の理解が見られた（文献76）。チンパンジーどうしではないので多少割り引かなければならないかもしれないが、アカゲザルとの違いは際だっているように思われる。

「同期」ないし「協調」のレベルの協力行動も、同じ動作を同時におこなうことが要求される場面で分析されている。古くはアメリカのヤーキーズ霊長類研究所で一九二〇年代に行われたクロフォードらの実験がある。これについてはビデオライブラリが残されており、筆者もそれを見る機会があった。登場するのは二頭の子どものチンパンジーである。二頭は一緒にケージに飼われており、ケージの外に報酬が置かれていた。二本のロープを同時に引かなければ、報酬を入れた箱は動かない。すると二頭は、見事に行動を同期させてロープを引いた。一頭のチンパンジーはより積極的で、あまり協力的でないもう一頭の肩に手をかけて、ロープ引きに誘う場面も見られた。この個体は相手をよく観察しており、やる気がないと手をかけて励ました。

同じような実験は、フサオマキザルでもおこなわれている。ドゥ・ヴァールらは、隣り合うケージに入れられたサル二頭に、同時に取っ手を引いて、ボウルの載った重い板を引き上げる課題をおこなわせた（文献55）。餌は一方のボウルにしか入っていないのだが、二頭でそれを分けるのは自由だった。そうすると、格子越しに互いが見える条件では、サルは互いの様子を確認しながら取っ手を引くようになった。格子を小さな窓のあいた板に換えると、格子の時ほどうまくできないので、それぞれが勝手におこなっているわけではない。サルは積極的にパートナーと行動を同期させようとしていたように思われる。

フサオマキザルどうしの分業課題

行動を同期させるには他者の役割を理解することは必ずしも要求されない。協力行動を社会的知性の観点から理解するためには、より協働に近い協力行動を実験的に分析してみる必要がありそうだ。われわれの実験室でも、フサオマキザルどうしの協力行動を分析してみた。服部裕子らとの共同研究である（文献39）。

実験装置を説明しよう。左右に二つ、透明アクリル製のケージを並べておく。間の壁には大きな開口部があり、そこを通ってサルは左右のケージを行き来できる。二つのケージをまたいで実験用の装置を外側に取り付けた。ペットボトルをつないで作った長い箱を、左右にまたがらせてレールの上に置く。右側のケージには、この箱を左に押しやるための窓が開いている。箱の下にはカップがあり、そこに餌が置かれている。餌はケージから見える。箱を押しのけると、この餌を取ることができた。左側のボックスには小さなスリットがあり、そのスリットに小さな板（ベロ）が挟みこまれていた。ベロは上記の長い箱の移動を邪魔するように差し込まれている。ベロの左横には別の餌が置かれており、箱が左に移動すると、左下部の餌箱にその餌が落ちるようになっていた（図3-2）。

さて、この装置でサルが餌を手に入れるためには、二つの動作を続けておこなう必要がある。まず

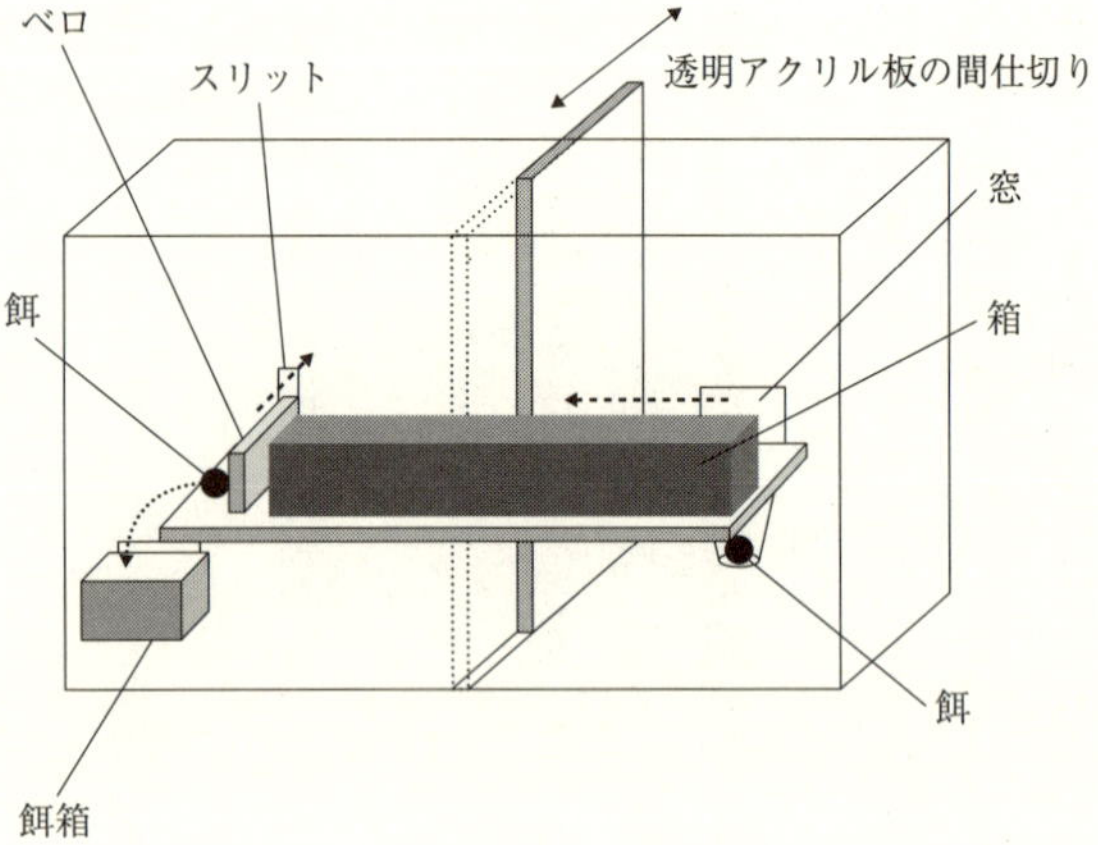

図3-2●フサオマキザルどうしの分業的協力行動を分析するための装置

左のケージでベロを引き抜き、次いで右側に回って箱を押すのである。そうすると、箱の下の餌と、左ケージの餌箱に落ちた餌を、二つとも手に入れることができた。

まず六頭のサルに、ひとりでこの一連の動作をスムーズにこなせるように訓練した。その後、六頭を血縁のない三ペアに分け、左右のケージを透明のアクリル板で間仕切って、ペアの一頭ずつを左右のケージに入れてテストした。やみくもに装置を触らないよう、このテストに先立って、ひとりだけで間仕切ったケージに入れられたときには装置に触らないように訓練しておいた。二頭でケージに入るのは、このテストが初めてである。サルは、両方の動作をひとりでは完了できないから、それぞれの役割を果たさなければならない。そうすると、すべてのペアは自発的に協力を始めた。分業である。

この協力は偶然のものではない。いったん協力に成功すると、次の試行からはよどみなく協力が行われた。つまりサルは、協力すれば餌が手にはいることを一回の成功から理解したのだといえる。協力は、役割を変えても維持された。すぐにはできないペアもあったが、ほどなく互いに逆の役割も果たせるようになった。

サルは各試行で協力を始める前に、何やら目を合わせて打ち合わせをしているように見える。それを確認するために、相手の協力が要らない場面を設定してみた。この場面では、左のケージのベロに小さな穴を開けて餌を詰め込み、左のサルはこれを引けば餌が手にはいるようにした。右のケージの方は、レールの上の長い箱の寸を短くした。つまりベロは障害物にはならないので、そのまま横にどければ箱の下の餌が手に入る。協力は不要だ。

協力が必要な場面と、協力が不要な場面を比較すると、左のケージのサルには目立った行動の変化はなかった。しかし右のケージのサルは、協力が必要な場面では、左のケージのサルがベロに手を触れる前の時間帯に、左のサルを見ている時間が長くなった。右側のサルにとっては、左のサルがベロを引くことが、自身の次の行動（箱押し）を有効にするための必要条件である。サルはベロを引いてくれと、左のサルにリクエストしていたのかもしれない。

助けられたり助けたり——相互的利他行動

この協力場面は、いずれのサルも自身が報酬を手に入れるので、互いに近視眼的で利己主義的であっても、協力は成立しうる場面であった。では、もし一方のサルが即時的な利益を手に入れられないようにしたら、協力は生じないのだろうか。

再び場面を少し変えて、左のケージには報酬を置かないようにした。右側のサルにとって状況は同じで、左側のサルにベロを引いてもらえないと餌は手に入らない。しかし左のサルはタダ働きである。こうした試行を繰り返せば、左側のサルがベロを引かなくなるのは当然なので、一試行ごとに、左右のサルの場所を入れ替えるようにした。そうすると、三ペアのすべての組合せで、協力行動が維持された。サルは、自身に即時的な利益がなくても、次の試行で他者に協力してもらえれば餌を手にすることができることを見越して、当該の試行ではタダ働きをしたように思われる。短期的なものではあるが、これは相互的利他行動である。

いったんこのような行動ができあがると、交替頻度を三試行ごと、六試行ごと、一二試行ごと、と変えていっても、ある程度の協力行動が維持された。もちろんこうしたタダ働き試行では、左のサルはベロを引くのをためらう。右側のサルは、間仕切りのところに行って何度も立ち上がり、左のサルに懇願しているような行動をしばしば見せた。他方左のサルは、ベロを引く前には右のサルとアイコンタクトを交わすことが多かったが、ベロを引かない試行では、アイコンタクトは少なく、逆に相手に背中を向けていることが多かった。これらは、リクエストの受諾と拒絶を意味する行動だったのかもしれない。

このように、フサオマキザルは、二個体間の「協働」に限りなく近い協力をするのである。この装置は自然界にはあり得ないものなので、もちろん遺伝的なものではない。新奇な環境に適応するために彼らが学習した協力行動であり、ある程度の他者の意図の読み取りや、他者への意図の伝達のようなものが含まれているように見える。ヒトが日常おこなう協力行動の萌芽に近いものが、ここには見て取れる。このような協力的な社会的知性の起源は、ヒトと新世界ザルが分かれた三五〇〇万年くらい前にさかのぼるのかも知れない。

4 動物はほんとうに心を読んでいるのか――欺きや協力を支える下位過程

さまざまな実験事実や観察事実から、ヒト以外の動物が意図的に他者を欺いたり、意図的に協力し合ったりすることには、ほとんど疑う余地がないように思える。しかし理論上は、これらすべてを「心の読み取り（メンタライジング）のような高次の過程とは無関係な、盲目的な条件づけ学習である」と主張することも可能である。なぜなら、個体の過去経験はどこまで行ってもすべて把握できないし、一つの事態で生じた学習が、他の類似の事態に応用されたに過ぎない、と主張することはいつでも可能だからである。私にはあまり生産的な議論には思えないのだけれど。

そこで、ここで見てきたような複雑な行動が、心の読み取りを含む高次な過程であるという主張を補強するためには、それらを実現する下位過程の存在を示していくことが重要になってくる。

意図的な欺きや協力をするためには、さまざまな下位過程が必要である。他者の視点、願望、意図、知識、あるいは気質や性格などの理解とともに、他者の行為の結果を予測する能力が要求される。地道な作業だが、これら一つ一つを例証していくことが、ヒト以外の動物にも心の読み取りが可能であることを示す近道ではないかと思う。

われわれの研究室でも、いくつかの側面については分析した。まず他者の行為の結果の認識から見てみよう。

あいつは何をするんだろう——行為の結果を予測する

他者の行為の結果を予測することは、他者をうまく制御し自身の利益をはかったり、それを計算に入れて協働的な協力をしたりする上で必須の作業である。高橋真、京都大学霊長類研究所の上野吉一と共同で、フサオマキザルが他者の行動の結果を推理できるかどうかを調べる実験をおこなった（文献91）。実験は図3-3に示すような間取りを持つ霊長類研究所の飼育舎でおこなった。

サルはふだんホームケージに集団で飼われている。実験場所になった二つのケージ室までは、天井の通路を伝って移動することができる。ケージ室1とケージ室2の間に、筒の両側にドアの付いた移動用ケージを置いた。移動用ケージのドアを外すと、ここは二つのケージ室を行き来するための通路になる。それぞれのケージ室に二ヵ所ずつ餌場を設けた。一つは「枯渇する餌場」、もう一つは「補充される餌場」である。

まずそれぞれの餌場の性質をサルに学習させた。「枯渇する餌場」の訓練では、両側の餌場に餌を一個ずつ置いて、サルを導き入れ、自由に探索させた。両側から餌を取れば、それ以上何も出てこない。「補充される餌場」の訓練でも、サルを一頭ずつ入れ、自由に探索させるが、サルが餌を取って反対側に行っている間に、実験者は最大五回まで、餌場の餌を補充した。つまりサルは戻ってくればまた餌にありつける。

十分な訓練後、テストをする。テストでは一頭のサル（テスト個体）を移動用ケージに閉じこめ、両方のケージ室が見えるようにした上で、別の一頭（デモ個体）を一方のケージ室に入れて餌を取らせ、ホームケージに戻らせる。餌場の手前にはついたてが置かれていて、移動用ケージのサルから、直接デモ個体が餌を取っているところは見えない。その後、テスト個体の移動用ケージから両側のドアを取り外す。

もしテスト個体が、直接見てはいないデモ個体の行動の結果――食べられて餌がなくなる――を推理できるのであれば、「枯渇する餌場」の時には、デモ個体の訪れていない方の餌場に向かうであろう。しかし「補充される餌場」の場合にはそうした傾向は見られないだろう。

実験の結果、四頭のテスト個体のうち一頭は、そういった状況とは無関係に、でたらめに餌場を選んだ。残る三頭は、「補充される餌場」の場合には、デモ個体の訪れた餌場に向かうことの方が多かった。つまり、どちらを選んでも同じ場合には、このサルは他個体の行動をモデルにして、それに追従する傾向を持っている。これは採食場面ではきわめて効率的な戦略であろう。しかし「枯渇する餌場」になると、この三頭は、そうした傾向を乗り越えて、ほとんどデモ個体の訪れていない方の餌場に向かったのである。フサオマキザルは、直接観察していない他者の行動の結果を推理できたのである。

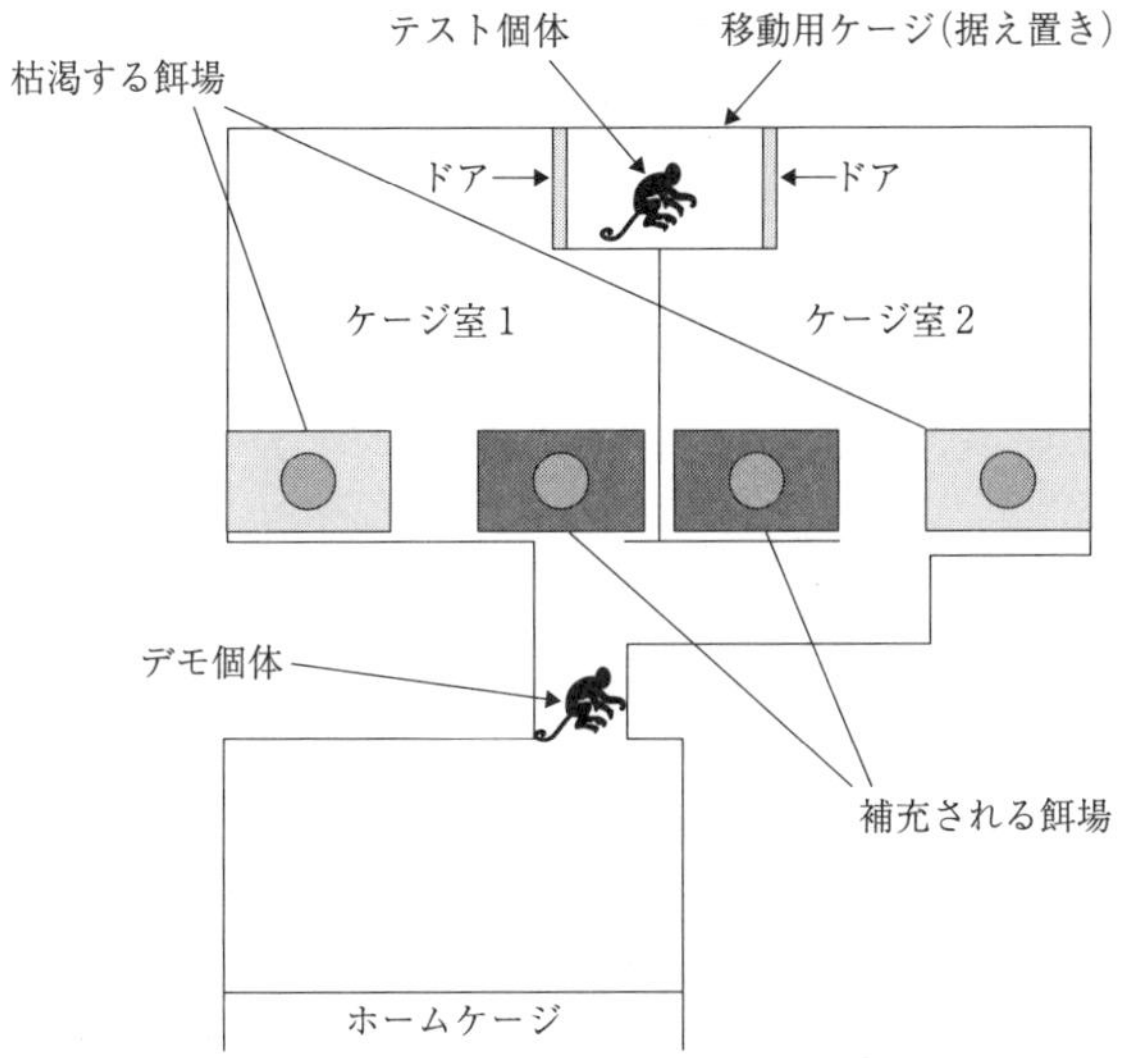

図3-3●フサオマキザルが他者の行動の結果を推理できるかどうかを調べる実験のための装置の平面図

装置は異なるが、同じ実験を、ラットとベランジェツパイでもやってみた。しかしこれらの種ではサルのような分化した反応は見られなかった。特にラットは他者に追従する傾向が強く、それを克服できないようだった。他者の行動を手がかりにできないのではない。それ自体は手がかりになっているから、同じ餌場に向かうのである。しかし、他者の行動の結果、環境にどのような変化が生じるかは、推理できないようなのである。こうしたことを実現するには、より発達した神経系が必要なのかもしれない。

サルまねばかりが能じゃない——他者の失敗に学ぶ

見知らぬ土地に行ったときなど、われわれはよく他者をみてまねをして切符を買ったり料理を注文したりする。しかし、いつも他者のまねばかりをしているわけではない。例えば何やら意味のわからない立て札の立てられた芝生広場などに入りこんで注意されている人をみれば、そこは入ってはいけない場所だなと推理して、入りこまないようにする。われわれは、他者の失敗をまるで自分の経験のように取りこんで、自身の行動を調節することができる。こうした他者の失敗に学ぶ過程は、動物ではほとんど分析されていない。フサオマキザルを対象に、黒島妃香と共同で、次のような実験をおこなってみた（文献49）。

ピグモン、キキ、ジーニャの三頭のフサオマキザルがテストに参加した。ジーニャは子ども、残る

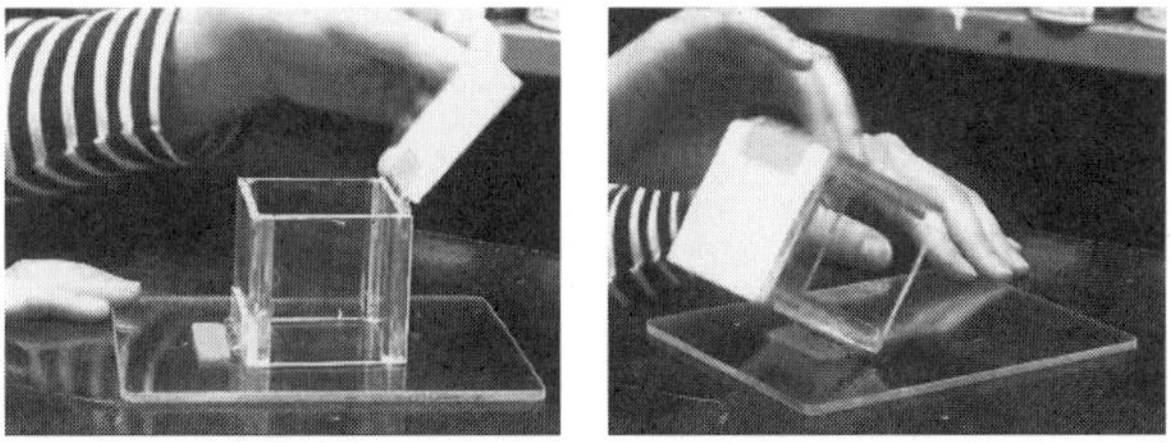

ふた開けタイプ　　底開けタイプ

図3-4●他者の行為の結果から正しい行動が学べるかを調べるために用いられた、見かけが同じ2つの箱

二頭はおとなである。見かけは同じだが、開け方が異なる二つの透明の箱を用意した。一つはふた開けタイプで、もう一つは底開けタイプである（図3－4）。箱の中に餌を入れて、全個体に、まず二つの箱の開け方を訓練した。

次に二頭のサルを透明のケージに入れて向かい合わせに配置し、中央にテーブルを置いた。試行は次のように進む。まず実験者が、一方のサルの前に餌を入れた箱を置いた。見かけは同じなので、サルはでたらめに一方の開け方を試すことになる。サルが最初の試みでこの箱を開けた場合には、試行はそれで終了である。しかし、最初の試みが失敗したときには、実験者は向かいにいるもう一頭のサルの前に箱を移動した。二頭目のサルは一頭目の失敗を見ている。二頭目が最初の試みで首尾良く箱を開ければ、それで試行は終了する。開けられなかった場合には、実験者はすばやく箱を片付けた。

それぞれのサルには開け方の好みがあるので、自身が一頭目になった場合の開け方の割合を基準にし、それが相手の失敗によって矯正されたかどうかを調べたところ、おとなどうしのピグモンとキキの組合せでは、失敗した相手の行為とは異なる開け方をすることが多くなった。つまりフサオマキザルは、他者の失敗を取りこんで、自身の行動を調節することができる。反面教師、他山の石、といったことわざは、フサオマキザルにも当てはまるのかもしれない。

しかし、子どものジーニャではそのような調節は見られなかった。また面白いことに、相手がジーニャであった場合には、ピグモンにもキキにも子どもの失敗をもとに自身の行動を調節する傾向は見られなかった。信頼関係というものもあるのだろうか。このあたりも将来の研究課題として面白そうである。

こっち見てるかな？——他者の視線の認識

サルは他者の視線が認識できるだろうか。他者の視線を認識することは、他者が何に注意を引かれているかを知る上で重要である。何かを要求したり伝達したりするときには、相手の注意は自分の方に向けられていなければならないし、他者の注意を利用して食物や捕食者を見つけることもできる。他者を欺くときにも、他者の注意の状態は重要な要素である。こっそり近くにあるごちそうを失敬するときなどにも役に立つし、上位個体の目を盗んで交尾をするときなどにも重要な働きをするだろう。

実際、そうした場面を模した実験をおこなうと、多くの動物で肯定的な結果が得られる。例えばイヌの前におやつを置いて、「待て」をさせておく。そのあと命令者がイヌの方を見ている場合と反対側を向いている場合を比較すると、イヌは後者の場合に早く「待て」の命令に背いておやつを取りに行くのである（文献14）。

堤清香、牛谷智一とともに、ケニアの民家付近に出没するベルベットモンキーを対象に同じような実験をしてみた。先述の引き算実験をした群れと同じである（文献93）。

ベランダにやってきたサルとヒトの間に、食物を一個置く。そのあと、実験助手が四種類の演技をした。一つはじっとサルを見つめる演技。二つめは食物をじっと見つめる演技、三つめはぼんやりと中空を見つめる演技、四つめは一心不乱に自分の毛づくろいをする演技である。それぞれの条件で、サルが食物を取りに来る割合を比較した。すると、第三と第四の場合には、ほぼ一〇〇パーセントの試行で取りに来る一方、第一と第二の条件では大幅にその割合は低下した。最も取りに来る頻度が低かったのはサルを見る条件である。彼らは演技者の注意が自身に向いていることを認識し、盗みに行くことの危険を察知したのだろう。堤清香、高橋真とともに、京都市内を流れる賀茂川のハシボソガラスで同様の実験をおこなってみたところ、やはりほぼ同様の結果が得られた（文献95）。

ヘアらは、チンパンジーに、自身よりも順位の高い相手の見えないところにある食物と、見えるところにある食物の、どちらを取りに行くかをテストした。すると、チンパンジーは、高い割合で相手の見えないところの方に行った（文献38）。相手が実験者である場合にも同様の結果が得られる。他者の注意を認識することは、多くの動物で可能なことなのではないかと思われる。

しかし、チンパンジーは本当の意味で相手の「視線」を認識しているわけではないという主張もある。ポヴィネリとエディは、ケージの穴から指を出して二人の訓練者の一方に食物を要求する課題をチンパンジーに課した（文献73）。二人の人物のうち一方はチンパンジーを見ることができるが、他方は、背中を向けている・顔があらぬ方向を向いている・バケツをかぶっている・目隠しをしている、などのさまざまな理由で、チンパンジーを見ることができない。もしチンパンジーが、訓練者に自分が見えるか見えないかを認識できるなら、見える人物に対して食物をリクエストするはずである。ところが、チンパンジーはこれらのほとんどの条件で無差別に振る舞ったのである。唯一彼らが成功したのは、一方の人物が体ごと背中を向けている条件だった。

この結果は、チンパンジーが穴に指を突っこむという奇妙な動作をさせられたことによるものかもしれない。この動作がどちらかの人物を指す機能を持っていたかどうかは疑わしい。カミンスキーらは、人物を一人にし、正面を向く、背中を向け首だけを回してこちらを見る、体ごと向こうを見る、などのさまざまな動作をして、それに対するチンパンジーのさまざまなリクエスト行動を数えた（文献47）。すると背中を向けて首をこちらに回す条件では、首も向こうを向いている条件よりもリクエストが多かった。従って、チンパンジーは顔がこちらを向いていることの重要性は理解している。しかし、正面を向いて目を開けている条件と目を閉じている条件の間には、差は見られなかった。顔がこちらを向いていても、目をつむっていれば相手は自分を見ることができない、ということをチンパンジーは理解していないように見える。

ところが、ヒトの顔写真に対するチンパンジー乳児の注視時間を分析した明和政子らは、目をつむっている写真よりも目を開いている写真の方を好んで見つめることを明らかにしている（文献62）。また脳神経活動を記録したペレットらの実験では、アカゲザルの側頭葉に、正面を向き、目を開けた写真に対してだけよく活動するニューロンがあることが示されている（文献72）。どうもチンパンジーに見られた否定的なデータは、実験の方法に問題があるのではないかと思われる。

服部裕子らと共同で、以下のような手続きで実験をしてみた（文献40）。フサオマキザルを透明ケージに入れ、テーブルをはさんで実験者と対面する。その間に二個の透明の箱を置く。一方の箱に餌を入れる。サルがどちらか一方に手を伸ばすと、実験者は直ちにその箱を開け、中の餌をサルに与えた。反応が安定した後、一セッション一〇試行の中に、テスト試行を二試行でたらめにはさみこんだ。テスト試行では、実験者は試行が始まってから五秒間、サルの一切の反応を無視して以下に述べるような演技をした。演技終了後は、何事もなかったかのようにサルの手伸ばし反応に従って箱を開け、餌を与えた。

第一実験では、演技は、サルを見る、天井を見上げる、のいずれかである。演技中のサルの手伸ばし反応の回数と実験者を見た時間を分析した。そうすると、手を伸ばす回数は演技によって変わらないが、実験者を見る時間は、サルを見る条件で長くなった。第二実験では、演技を、目を開けて二つの箱の間を見る、目をつむって二つの箱の間を「見る」、の二条件に変えた。すると、やはり手を伸ばす回数は演技によって変わらないが、実験者を見る時間は、目を開けている条件で長くなった。

したがって、サルは目の開閉という微妙な状態の違いを認識しているということができる。しかしこれは手を伸ばす回数には現れてこない。相手の目を見るというのは、オマキザルにとっては自然な要求行動である。他方、手を伸ばしてその先にある物体を取ってもらうのは、実験室で形成された行動である。この行動には、ひょっとするとコミュニケーションとしての社会的な意味が伴っていないのかもしれない。つまり、単に右のボタンを押す、左のボタンを押すといった人工的な反応とさほど変わらないのかもしれない。リクエストに応えてくれない実験者の注意を強く引くためには、相手の方を見つめる方が、彼らにとっては自然な行動だったと考えることができる。

あいつは知ってるはず、こいつは知らないはず——他者の知識の認識

相手が何を知っているかを認識することは、社会的行動を調節する上で重要である。真実を知っている相手にニセの情報を与えてだまそうとしてもうまくは行かない。逆に他者と協力するときにも、相手が知っている内容を考慮に入れなければ、事はうまく運ばないだろう。

すでに紹介したメンゼルらの放飼場実験などを見ると、チンパンジーは、他者が何を知っているかを知っていることは明らかなように見えるが、他のさまざまな要因が同時にからんでいるので、明確には言えない。ポヴィネリらは、他者の知識の認識だけを巧妙な実験で取り出して分析した（文献75）。

実験者とチンパンジーが向かい合う。その間に数本の蛇腹で結ばれた箱がついている。先述のメイソンが用いた装置と同じものだ。チンパンジーが取っ手を引く役、ヒトが情報提供者役を受け持つ。試行に先立って実験者は、衝立の裏でどれかの箱に食物を隠す。情報提供者のうち一人は、それをず

っと見ている。つまりこの人は、食物のありかを「知っている」。もう一人は、実験者が食物を隠す前に部屋を出て行く。この人は食物のありかを「知らない」。隠し終えると「知らない」人は部屋に戻ってくる。実験者は衝立をどける。そうして二人の情報提供者は、同時に、どれかの選択肢に指を置いてチンパンジーに指示する。このとき「知っている」人は必ず正しい箱を示した。「知らない」人はそれ以外の箱を指示した。役割は試行ごとにでたらめに入れ替わる。

チンパンジーは食物がどこに入っているかを知らない。しかし「知っている」人の示す取っ手を引けば、確実に食物を手に入れることができる。訓練を繰り返すと、次第にチンパンジーは「知っている」人の指示に従うようになった。

これだけなら、部屋にいた人物の示すアームを引け、という単純な弁別学習だけでも可能だ。そこでポヴィネリらは「知らない」人も部屋に滞在するが、大きな袋をかぶって隠すところが見えない条件に変えた。あまりきれいな結果ではないのだが、チンパンジーはこのような条件でも「知っている」人の指示により多く従ったのである。

ポヴィネリらはアカゲザルを対象に同じことをおこなっているが、この場合には学習自体がまったく成立しなかった（文献77）。他方ヒトの幼児では、極めて高い正答率が簡単に得られている（文献74）。

他者の知識状態が認識できるのは類人とヒトに限られるのだろうか。黒島妃香らと共同で、フサオマキザルの行動を分析してみた。実験はポヴィネリらにならったものだが、いくつかの改良を施している。以下が実験の流れである（文献50、51）（図3-5、カラー口絵vi・vii）。

サルと実験者の間に三つの不透明な入れ物をさかさまに置く。まず実験者が衝立を立ててからいずれかに食物を隠す。次に「知っている」人がやってきて、入れ物を一つずつ斜めに少し持ち上げて中をのぞいていく。サルには中身は見せない。次に「知らない」人がやってきて、「知っている」人と同時に、開けるべき入れ物に触れてサルに指示する。「知っている」人は必ず正しい入れ物を指示した。「知らない」人はでたらめに指示した。三回に一回は、両者が同じ入れ物を指すことになる。サルがどれかに手を伸ばしてきたら、その入れ物を開けて、正解であれば食物を与え、不正解であれば空であることを示して次の試行に移った。実験者を含め、役割は毎試行入れ替わった。

一番重要な点は、「知っている」人が直接入れ物を開けて内容を見る、という動作をすることである。これにより、実験者が隠すときにそこにいた、というよりも直接的な手がかりをサルに与えることができると考えられた。また「知らない」人は当てずっぽうを言う人なので、三回に一回は正解するようにして、より自然な状況を作った。

このようにすると、訓練した四頭のオマキザルは、時間はかかったものの、「知っている」人の指示に従うことができるようになった。この段階では、「知らない」人は特別な動作をしていないし、登場人物の順序も固定されている。その後、「知らない」人は入れ物に触れる（しかし開けない）動作をし、また登場順序もでたらめにして訓練を続けた結果、すべてのサルが、最終的に合格した。

サルは本当に「この人は中身を見たから知っている」ことを判断基準にしていたのだろうか。もしそうなら、入れ物の形や色、内容を確認するための動作などにかかわらず正解できなければならない。しばらくのブランクのあと、良い成績を維持していた二頭のサル、ヘイジとキキを対象に、四種類の新しい形と色をした入れ物を使って訓練をした。これらはいずれも斜めに持ち上げて内容を確認するタイプである。ほどなくキキはこれらの物体に対しても同様の反応ができるようになった。次にさらに新しい入れ物を五種類用意した。これらは、内容を確認するための動作が、フタを開ける、フタを外す、引き出しを引く、筒をのぞきこむといった新たな動作になっている。キキはこれらに対しても好成績を示した。

ここまでは「知らない」人の動作は、入れ物に触れる、あるいは入れ物の隣に座るなど、「知っている」人に比べると小さな動作である。ひょっとすると、動作の大きさが手がかりになっているかもしれない。そこで、最後のテストでは、引き出しと筒を用いて、「知らない」人の動作を「知っている」人の動作に近づけた。具体的にいうと、引き出しの場合、「知っている」人は、引き出しを引いてそこをのぞきこむが、「知らない」人は、引いた引き出しとは違う場所を「のぞきこんだ」。筒の場合は、「知っている」人は筒を上からのぞきこむが、「知らない」人は、関係のない方向に向かって三度お辞儀をした。キキはこのテストでも最初から好成績を示したのである。

最後までついてきたのは結局一頭になってしまったが、厳密な実験で、オマキザルは「見たから知っている」ことを認識できることが証明されたのである。

他者の知識状態が認識できることは、戦術的な社会的技能を発揮する上で、極めて重要である。しかし、知識を手に入れる手段は、見ることに限られるわけではない。今後は、何かの感覚経験が知識を提供するという、より一般化された認識の可能性――「聞いたから」知っている、「食べたから」知っている、など――をさぐることが必要かも知れない。種によっては、特定の感覚に限定された認識が進化している可能性もある。

column

コラム05 イヌの知性

ヒトがイヌと暮らしはじめたのは一〇万年ほど前のことだと言われています。オオカミの一部の個体が、ヒトの集団のそばで余剰の食糧を食べ、他方オオカミはヒトに危険を知らせる、といった共生関係からその関係が始まったのだろうと考えられています。本格的な家畜化が始まったのは、おそらくヒトが農耕・定住を始めた一万年ほど前のことであったでしょう。それ以来、ヒトはイヌを選択交配し、狩猟・牧畜・運搬・闘争・愛玩など、さまざまな目的に合った犬種を作り出してきました。

人々の間では、イヌは賢い、という評判が定着していて、「頭の良さ」を評定してもらうと、チンパンジーに次ぐほどの地位を占めます。確かに盲導犬や介助犬などの活躍を見ていると、その「賢さ」に驚嘆しますが、実際にはどうなのでしょうか。

近年、イヌの知性を科学的に分析する研究が世界的に多くなってきました。なかでもハンガリーのエトヴォス・ロランド大学のアダム・ミクロシ博士のところでは、大きなチームを作って精力的な研究が進められています。

そうした中で分かってきたことは、イヌはヒトの命令や表情、動作などに極めて敏感であるということです。例えば、イヌに見えないようにして二つの箱の一方に食べ物を入れます。その後、実験者がイヌに対して、指さし動作や体の向きで、「こちらにあるよ」と指示してやると、イヌはすぐにこれを学習します。同じことをチンパンジーにやらせると、イヌよりもずっと下手くそで、学習にも時間がかかります。

ところが、同じように二つの箱の一方に食べ物を入れて、どちらか一方の箱を振って見せ、その手がかりをもとに箱を選択させると、イヌはチンパンジーに太刀打ちできません。チンパンジーは箱を振って音がするとそちらを選び、音がしないと残る箱を選びます。音と食物の間の因果関係がわかっているのですね。イヌの場合には、音のする箱を実験者が振った場合にはいいのですが、空の箱を振った場合には、その空の箱を選んでしまうのです。

では、箱を振る代わりに、箱を開けて中身を見せたらどうなるでしょうか。食物のある方を見せた場合には、もちろんイヌはそちらに行きます。では、空の箱を開けて見せたら？　イヌはやはり空っぽの箱の方に行くのです。

これは何を意味しているのでしょうか。普段ならイヌは食物を見つければそれを食べに行きます。しかし、それ以上にイヌはヒトの指示あるいは動作を手がかりにする傾向が強いのです。たとえそれが食物を見逃す結果となったとしても！

日常の接触で、われわれがイヌをだますことはあまりないでしょう。そういう場面ではヒトの指示に従うことがまさに適応的です。ヒトは時間をかけて、そういう傾向の強いイヌを選択してきたのだろうと思われます。計算のできるイヌがお茶の間をにぎわせることがありますが、これもおそらくは周囲のヒトの微妙な動作を読み取って行動しているのでしょう。

しかし、こうしたイヌの傾向も、訓練で克服することができます。盲導犬は、たとえ主人が「行け」と命令したとしても、危険があるときには命令に従わないことができます。イヌにはそれだけの判断力もそなわっているのですね。

　イヌの言語理解能力についても、最近すばらしい報告が出されています。マックスプランク研究所のカミンスキーらの研究です。ドイツのボーダーコリーのリコというイヌは、二〇〇を超える物体の名前を知っていて、飼い主の「〇〇を取ってきて」という命令に従って、正しい物体を持ってくることができます。カミンスキーらは、リコが新しいものの名前をどうやって憶えるのかを検討しました（文献46）。

　数個の物体を隣の部屋に並べます。その中に一つだけリコが名前を知らない物体が混ざっています。飼い主が「その物体を取ってきて」とリコに命令すると、リコはその初めて聞いた名称に対して、名前を知らない物体を持ってくることができるのです。他の物体の名前は知っているから、残ったこれに違いない、という排他律を利用した推理ができるのですね。

　驚くべきことに、これはその時限りの判断ではないのです。一週間ほど経って、その新たな名前の物体を持ってこられるかテストすると、見事に憶えているのです。たった一回の、しかも排他律を利用した経験で！

　ヒトの幼児は、二〜三歳のころ、ものすごい勢いでことばを憶えていきます。たった一回の経験で新しいものの名前を憶えるのです。これは高速マッピング（fast mapping）と言われていますが、リコはこれと同じこと――いや排他律を使っているから、それ以上のことかもしれません――をやってのけたのです。

　イヌの知性がどれほどのものなのか、まだ十分な分析はなされていません。これまでのイヌに関する研究は獣医師が中心で、他方、心理学者は、ネズミやハトやサルばかりを研究してきたからです。

　このすばらしいヒトの友人のことをもっと知りたいと思い、われわれの研究室でも研究チームを作りました。名付けてCAMP-WAN、キャンプ・ワンです。CAMPはコンパニオン・アニマル・マインド・プロジェクト（Companion Animal Mind Project）の頭文字、ワンはワイド・エリア・ネットワーク（Wide Area Network）と1（英語のone）とイヌの鳴き声をかけたもの。京都近辺の広いエリアから飼い主さんに来ていただいて、簡単な実験的調査をさせてもらうプロジェクトです。ビデオを見てもらったり、遊びの中に簡単な課題をしこんだり、といった楽しい調査です。

　まだ始めたばかりですが、イヌは飼い主さんの声を聞くと、飼い主さんの映像を思い浮かべることが分かりました。たぶん、飼い主さんの帰宅時に、ワンちゃんがお出迎えに来てくれるのは、足音や車の音、「ただいま」の声などから、大好きな飼い主さんの顔を思い浮かべるからなのでしょう。

　CAMP-WANに興味をお持ちの方、ご協力をいただける方は、ご連絡いただければ幸いです。以下に簡単なＨＰがありますので、こちらもご参照下さい。

http://www.psy.bun.kyoto-u.ac.jp/fujita/CAMP.htm

第4章　意識と内省

意識と内省、これこそが本当の意味での心の働きだ、そう考える人は多いだろう。ここまで書いてきた内容は、物理的なものであれ社会的なものであれ、いずれも外界に存在する対象に関する認識であり、それに対して示される知性である。しかし、少なくともヒトは自身の内側で生じている事象についても認識している。心拍や体温、痛み、空腹感など、体内にセンサーを持っている事象だけではない。中枢神経系の中で生じている出来事についても、われわれは認識できる。つまり自身の心の状態を、自身がモニターできるということである。意識や内省とは、自分がいま何をしたがっているか、何を知っていて何を知らないか、何が好きで何が嫌いか、そうした自身の心の状態に対するアクセスのことである。

ヒト以外の動物にもそうした能力はあるのだろうか。これは難しい問いである。普通われわれが意識や内省を持つ証拠としてあげるのは、そうした作業の結果を言語報告できることだからである。言語を要求されると、動物でそれを証明することは難しい。動物はヒトと同じようにはしゃべらないからである。動物に言語がないと言っているのではない。仮に彼らが「お母さん、おなかがすいたよ」などと言っていたとしても、われわれにはわからないだろうということである。

しかし、この難しい領域にも、近年ようやく研究のメスが入ってきた。いくつか最新の研究を紹介しよう。

1 これで合ってるかな？——確信のなさの認知

友人に電話をかけようとしたとしよう。電話番号を押し始めて、ふと自信がなくなってくることがある。暗いところでボールペンの色を確認しようとして、黒だか青だか確信が持てないことがある。こうした自信がない、確信が持てない、という体験は誰にでもあるだろう。これは自身の判断に対する内省的なアクセスの一つの現れである。

ヒト以外の動物も同じようなもどかしい気持ちになることはあるのだろうか。ニューヨーク州立大学バッファロー校のスミスらは、ハンドウイルカを対象に以下のような面白い実験をおこなっている

（文献87）。

まずイルカに高い音（二〇〇〇ヘルツ）の時には左右の取っ手のうち一方に、それ以外の一二〇〇ヘルツから一九九九ヘルツまでの低い音の時にはもう一方の取っ手に触れることを訓練した。各セッションでは、いつも低い方の音は一二〇〇ヘルツから始まり、正解すると、徐々に音の高さが引き上げられていった。課題はどんどん難しくなり、次第にイルカの反応は正確ではなくなってくる。実はイルカには第三の取っ手が与えられており、この取っ手に触れると、進行中の試行はキャンセルされ、低い方の音は一二〇〇ヘルツに戻される。スミスが知りたかったのは、イルカはいつどのような時にこの第三の「エスケープ」反応をするかであった。

ボタンを使って同じ課題をヒトにさせてみると、エスケープ反応の頻度は、ぎりぎり二つの音の高さが弁別できる限界の近くで圧倒的に多くなった。実はこれはあまり賢いやり方ではない。もっと正解を稼ぐには、二つの音がそこまで接近する前にエスケープした方が、易しい問題にたくさん正解できて得策である。つまりこのエスケープ反応は正答率を最大にするために使われた反応ではない。参加者にどういうときにそれぞれのボタンを押したか尋ねると、「高い」「低い」のそれぞれの反応は、音の高さが高いと思ったとき、あるいは低いと思ったときに使った、という答えが返ってくる。それに対してエスケープ反応は、「答えに確信が持てないとき」に使った、という答えが返ってきた。つまりヒトにとってエスケープ反応は、「確信がない」という言語報告と同じ意味を持つものであったといえる。

イルカの反応を分析すると、その結果はヒトのデータとウリ二つであった。ヒトと同じように弁別限界付近でだけ、イルカはエスケープ用の取っ手に頻繁に触れたのである。イルカに内観を聞くことはできない。しかし、グラフを見る限り、イルカがヒトと違うことをしているようにはとても見えない。イルカはヒトと同じように「確信が持てない」時に、この取っ手に触れたのではないだろうか。

ほぼ同様の結果が、アカゲザルに長方形の領域内部のドットの密度を弁別させる実験で得られている（文献83）。サルは、密度が高い、低い、エスケープの三つから反応を選んだ。エスケープで課題が簡単になるのも同じである。この場合にも、同じ課題をしたヒトと酷似したデータが得られた。ヒトはこの時にも「確信がない」ときにエスケープ反応を使ったと報告している。

いちばん単純な解釈は、エスケープ反応によってイルカやサルはより多くの報酬を得て、その経験から学んだ、という解釈である。しかし、ヒトと同様、これは報酬を最大化する反応ではないし、同じ課題をラットにやらせると、エスケープ反応の分布はまったく山を作らない。ラットは単純な関連づけの学習なら良くできる。つまりこれは誰もが連合的に簡単に学べる反応ではないのだ。スミスは言う。同じグラフを見て異なった解釈をするのは、その異なった解釈が別のデータで裏づけられているときに限るべきだ、と。確かにその通りだろう。ヒトとイルカやアカゲザルは同じ心的作用に基づいてエスケープ反応を出していたと解釈するのが妥当なように思われる。

スミスらは、上記のような知覚判断を問う課題ではなく、記憶課題を使った実験でも同様の結果を得ている（文献83）。それは系列項目再認という課題を利用したものである。この課題では、まず、同じ場所に複数個の刺激が次々提示される。提示が終了すると、次に別の場所に刺激が一つ提示される。動物は、この刺激が直前に提示されたリストの中にあったかなかったかを答えるのである。

こうした課題で、ヒトやサルはリストの最初の方と最後の方の刺激はよく憶えているが、中間の刺激の再認成績は落ちることが分かっている。系列位置効果と呼ばれている。スミスは、この課題の中に「エスケープ」反応を組みこんだ。つまりサルは「あった」「なかった」「わからない」の三つで答えるわけである。このようにすると、サルのエスケープ反応の頻度は、中間の刺激の時に多くなった。

ソンとコーネルは、賭け金選択課題を用いて、アカゲザルが自分の判断の自信の有無を判断できるかどうかを検討している（文献88）。サルは、画面に提示される九本の線分の中で、最も長いものを選択することを求められた。問題には簡単なものと難しいものがあり、簡単な問題の場合には、一本だけが明瞭に他よりも長く、判定は容易だった。難しい課題は、サルには気の毒だが、実は線分の長さは全て同じで、実験者はでたらめにどれかを「正解」と定義した。

さて、サルは「長い」と思った刺激を選択した後、賭け金を決める画面に進んだ。賭け金は、高リスクと低リスクの二つから選ぶ。高リスクの方を選ぶと、正解の場合にはたくさんポイントが貯まるが、不正解だと貯まったポイントが全部無くなってしまう。一方低リスクの方を選ぶと、正解・不正解にかかわらず、わずかずつポイントが貯まっていった。ポイントが必要数貯まると、食物が提示されるようになっている。

このような課題で、正解だったときと不正解だったときの高リスクを選ぶ率を比較すると、正解の時の方がずっと多く高リスクを選んでいた。つまりサルは自信があるときに、より多く高リスクを選んでいたものと思われる。

これらの諸事実から判断すると、よほど悪意に満ちた解釈をしない限り、イルカやアカゲザルは、自身の「確信が持てない」あるいは「自信がない」という心的状態をモニターできると考えるのが妥当なように、筆者には思われる。

2 憶えていたかな?——メタ記憶

友人に電話をかけようと思ったとしよう。われわれは電話をかける前に、自分がその電話番号を知っているかどうかを判断できる。知らない場合には電話帳を繰る。こうした自身の記憶に関する知識のことをメタ記憶という。メタ記憶があることには重要な意味がある。電話番号を知らないのに電話の前に向かうのは無駄の多い行動だし、電話番号を知っているのに電話帳を繰るのもばかげている。

早押しクイズに解答するときなどにもメタ記憶は重要な働きをしている。回答者のボタン押しはとても速く、とてもその時までに答えを思い出しているとは思えない。たぶん「あ、知ってる!」と判断した時点で、回答者はボタンを押し、その後、ゆっくり思い出すのであろう。たまにボタンは押したが、答えに詰まる人がいることもそれを裏づけている。

このように、メタ記憶は行動をなめらかにするために重要な働きをしている。おそらくヒト以外の動物にとってもそれは同じだろう。メタ記憶は動物にとっても大切なはずである。もっともメタ記憶だけがあって、記憶の本体が出てこないときには、例えば、パーティで知人の名前が思い出せないといった、けっこうつらい思いをすることもあるが。いっそメタ記憶もなくなれば、そうしたもどかしさもなくなるのだけれど、それはそれでまた悲しい。

冗談はさておき、ヒト以外の動物で、この問題に始めて取り組んだのは、カナダのトロント大学のシェトルワースらである。彼女らはハトを対象に次のような実験をおこなった(文献43)。

基本課題は見本合わせである。三つの幾何学図形が刺激として用いられた。うち一つが見本として画面に提示される。ハトがこれをつつくと見本は消え、遅延時間をおいて三つの図形全部が比較刺激として提示された。ハトは見本と同じ図形をつつけば報酬を手に入れることができる。

実験課題(図4-1)はこれを修正したものである。第一実験では、遅延時間をおいた後、四分の一の試行では比較刺激が提示され、見本合わせが要求された。見本合わせに正解すると、餌つぶが六個与えられた。四分の一の試行では比較刺激は提示されず、別の図形が一個だけ提示された。この図形に触れると報酬が提示されたが、その数は三個である。残る二分の一の試行では、比較刺激とともに、上の単純な図形押し用の刺激が同時に提示された。このタイプの試行では、ハトは見本合わせに行ったチャレンジするか図形押しに行くかを選択することができる。もし自信があれば見本合わせに行った方が、餌つぶが六個もらえて得である。しかし自信がなければ図形押しで手堅く三個もらっておいた方が得である。もしハトが比較刺激を見たときに、見本合わせに正解する自信の有無を認識できるなら、この複合試行で見本合わせにチャレンジした時の正答率は、強制的に見本合わせをさせられた時の正答率よりも高くなるだろう。結果は、まさにそのようになった。

しかし、厳密に言うとこれはメタ記憶ではない。なぜなら、記憶課題に行くかそれを避けるかを判断するときに、記憶したはずの項目が目の前にあるからである。メタ記憶は自身の内部にある記憶表象をモニターすることである。ハトのこの課題は、必ずしもそれを保証していない。

そこでシェトルワースらは、第二実験をおこなった。第二実験では、遅延時間をおいた後、比較刺激の提示される前に、見本合わせに行くか単純な図形押しに行くかの選択フェイズが挿入された。この選択フェイズでは比較刺激は提示されていないから、ハトは自身の内部にある記憶表象をチェックするしかない。このようにすると、残念なことに、ハトの正答率は、見本合わせを選んだ場合と強制的に見本合わせをさせられた場合とで差が見られなかったのである。

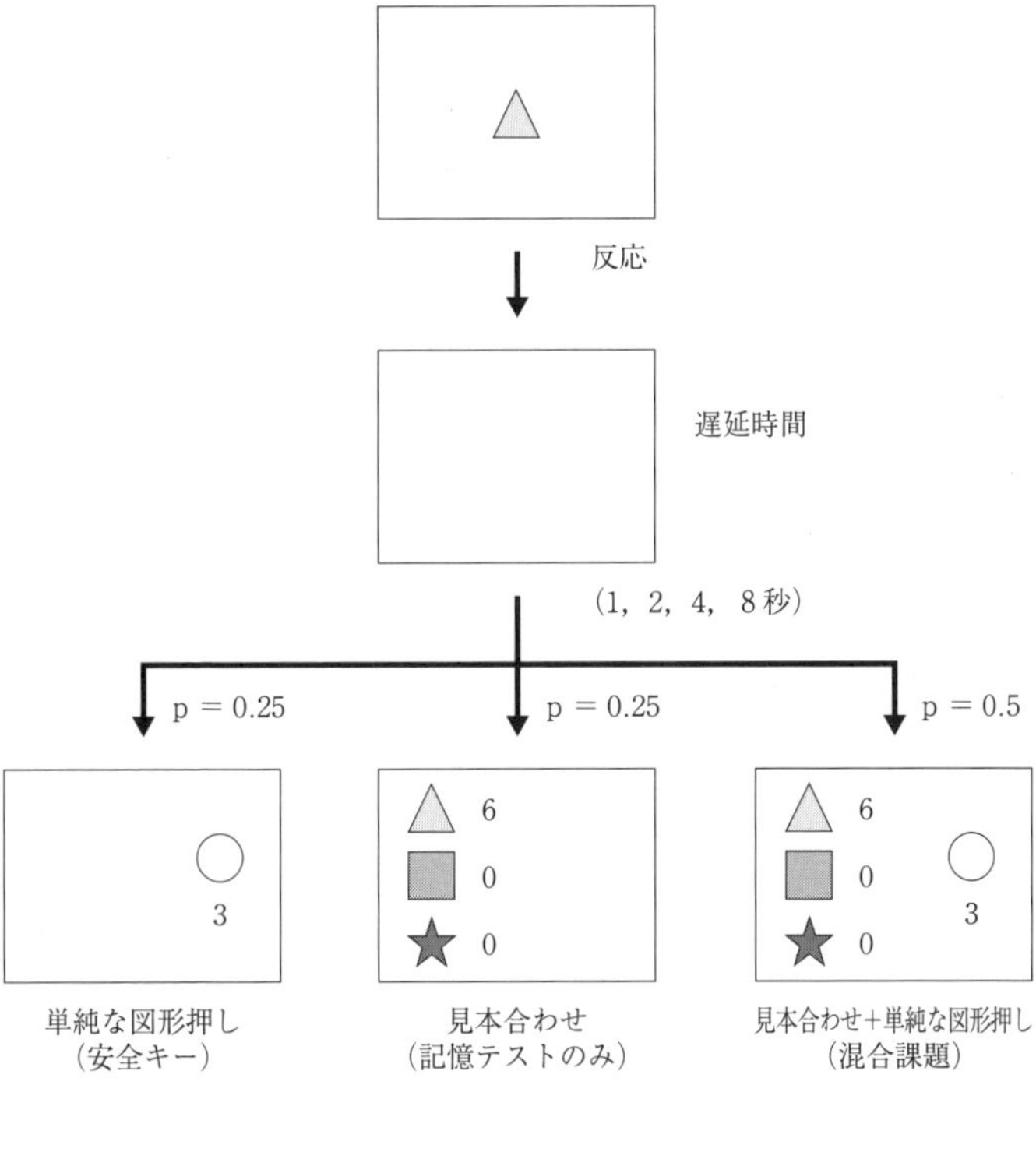

図4-1●シェトルワースらがハトのメタ記憶を調べるために用いた課題
(Inman & Shettleworth, 1999をもとに描く)。

米国国立衛生研究所のハンプトンは、同じ手続きでアカゲザルのメタ記憶をテストした（文献35）（図4-2）。見本が提示され、遅延時間をおいた後、課題選択場面が提示される。課題選択場面には二つのタイプがあった。一つは本当に記憶テストと図形押しが選択できるタイプである。これは三分の二の割合で提示された。もう一つは実際には記憶テスト用の刺激しかなく、強制的に記憶テストに行かされるタイプである。記憶課題に正答すると大好きなピーナッツがもらえる。しかし図形押しではいつもの固形飼料がもらえるだけである。サルは自信があるなら記憶課題に行くのがよい。自信がなければ図形押しの方が得策である。このようなテストをすると、アカゲザルの記憶課題の正答率は、自ら進んで記憶課題に行った場合の方が、強制的に記憶課題をさせられたときよりも高くなったのである。

遅延の長さをさまざまに変化させると、図形押しの選択率は遅延の長さに応じて高くなった。また、時おり見本を提示しないでいきなり課題選択画面を出すと、サルは圧倒的に図形押しを選択した。遅延が長くなれば見本の記憶痕跡は弱まる。見本がなければ見本の記憶痕跡はない。これらの追加資料は、サルがたしかに自身の記憶の確かさをモニターしていると結論するに十分なものであった。

ドイツのマックスプランク進化人類学研究所のコールらは、別の方法でメタ記憶にアプローチした（文献15）。チンパンジーの前に二〜三本の不透明の筒を置く。チンパンジーから見て筒の反対側、筒をのぞき込むと見える場所に食物を一個隠した。チンパンジーは食物の入った筒を選ぶことでそれを

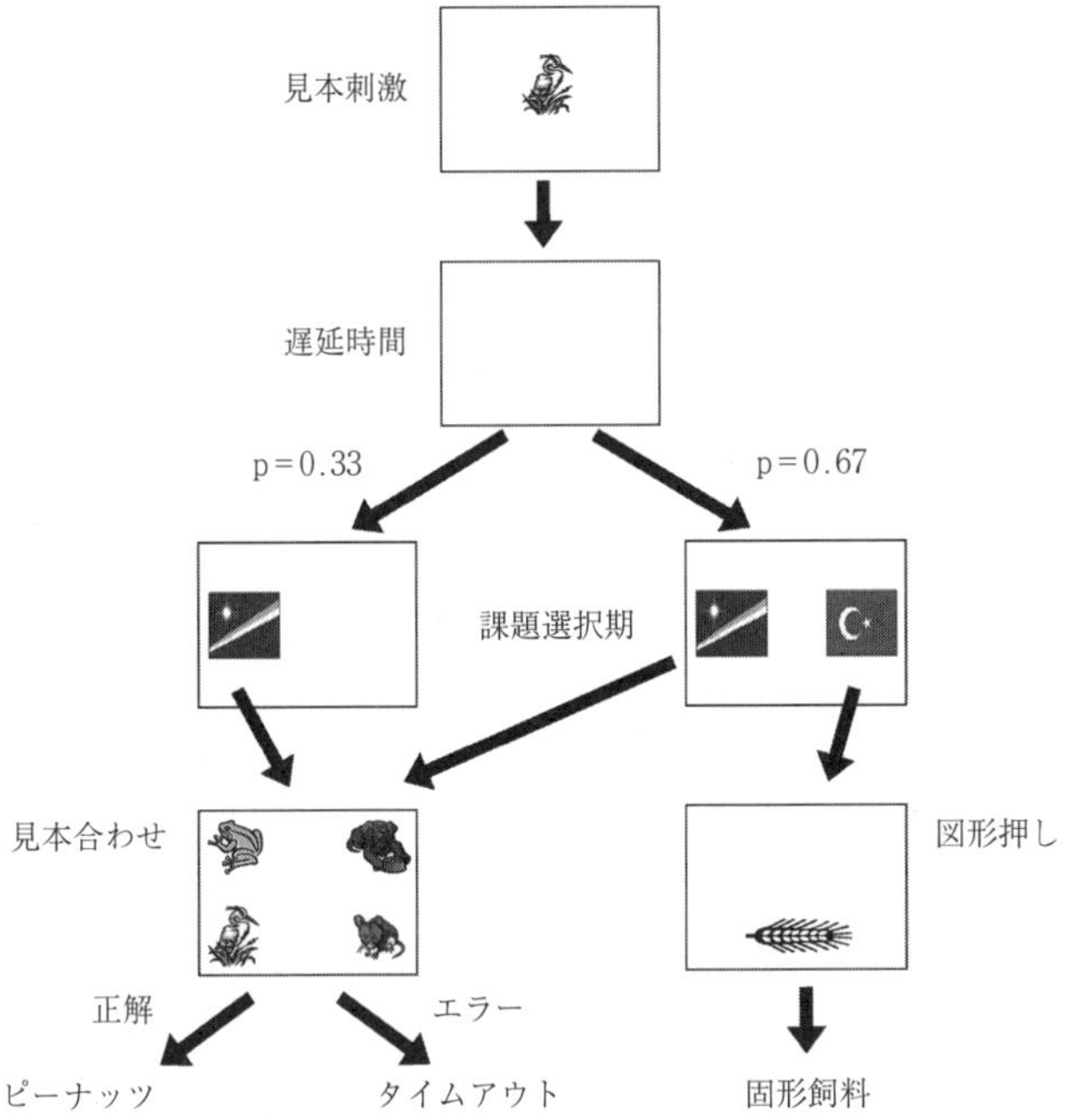

図4-2●ハンプトンがアカゲザルのメタ記憶を調べるために用いた課題（Hampton, 2001をもとに描く）

手に入れることができた。食物を隠す手続きには二つの条件があった。一つはチンパンジーが見ている目の前で食物を隠す条件である。もう一つは、衝立を立てて、チンパンジーから見えないようにして食物を隠す条件である。

チンパンジーは、隠し場所を知っている場合にはそれを選べばよいだけである。しかし知らない場合にでたらめに選ぶのは賢明ではない。このようにするとチンパンジーは、食物のありかを知らない場合には、筒をのぞいてから筒を選択するようになった。

同様の実験がアカゲザルでもおこなわれている。するとアカゲザルは、チンパンジーと同じように、食物のありかを知らない場合に、より頻繁に筒をのぞいた（文献37）（図4-3）。ポークナーらは、同様の課題を、フサオマキザルを対象にしておこなっている。ところがフサオマキザルは、隠す条件にかかわらず、いつも筒をのぞいたのである（文献69）。

この課題は、厳密に言うとメタ記憶とはいえない。なぜなら、シェトルワースのハトの第一実験と同じように、選択すべき刺激が目の前にあるからである。単純な図形押しに行くことができない代わりに、見本をもう一度見ることができる、といったしかけに近いといえよう。

それにしても、フサオマキザルにこの課題ができないというのは腑に落ちない。ポークナーらは、メタ記憶は霊長類の中では旧世界ザルのグループにしか見られないのではないかと考察しているが、オマキザルの社会的知性や物理的知性を考えると、それはとても信じられないことである。おそらく

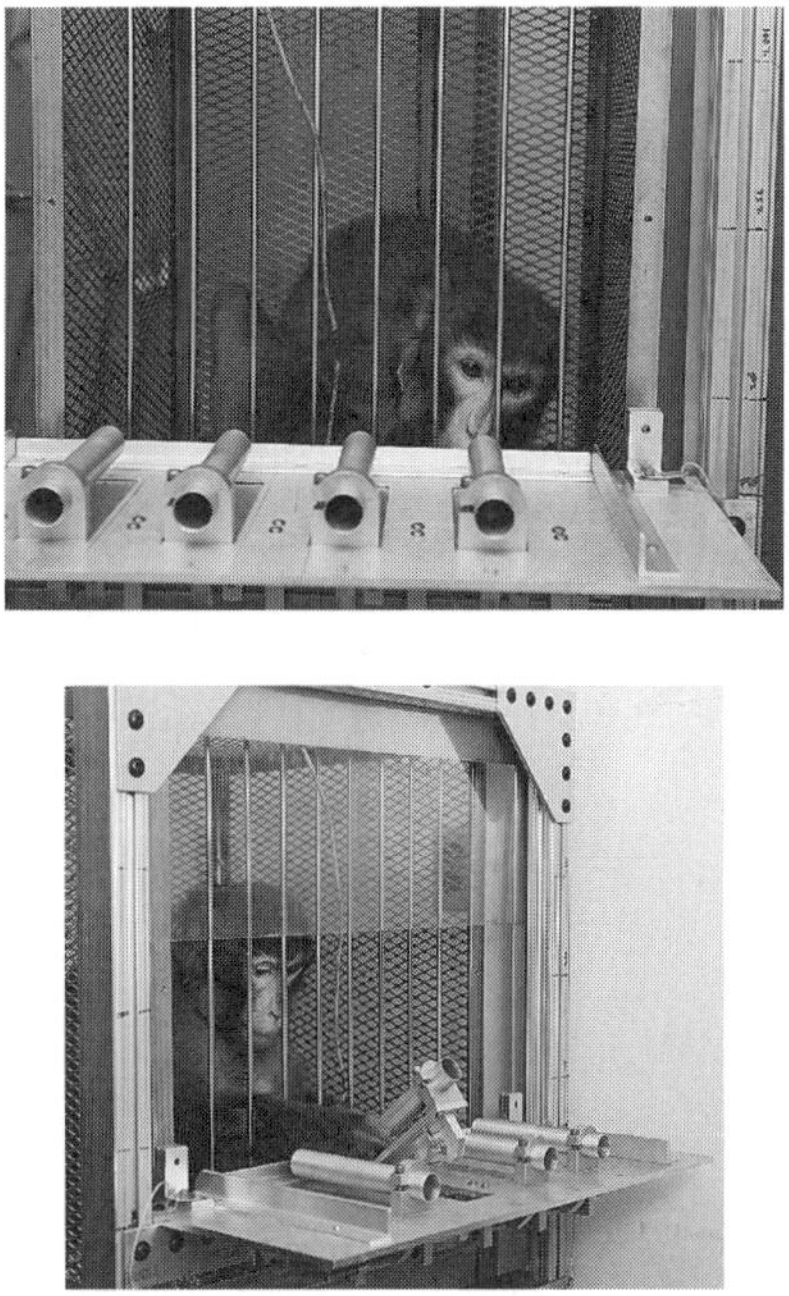

図4-3●自身が食物のありかを知っているかどうかを判断できるか否かを調べるための筒課題（Hampton, 2006 より引用）

筒をのぞくことに伴う負荷が小さいので、あえてそれを避ける必要が少ないなどの要因が効いているのだろう。

そこで、筆者はハンプトンの課題を少し修正した手続きを用いて、フサオマキザルのメタ記憶の可能性を調べてみた。これはまだ進行中の実験なので結論的なことはいえないのだが、少なくとも一頭のフサオマキザル（ピグモン）は、自ら進んで記憶課題を選択したときの方が、強制的に記憶課題を課したときよりも高い正答率を示した。これは遅延時間が長いときだけに見られる現象であった。また強制的に課した記憶課題の正答率と図形押しの選択率の間には負の相関があった。つまり、期待される正答率が低い場合にはより図形押しを選んだのである。これらのことはフサオマキザルにもメタ記憶があることを示している。

メタ記憶はどれほどの範囲の動物に分有されているのか、これはまだわからない。しかしその利点を考えると、思いのほか多くの種にそなわっているのではないかと思う。少なくともイルカなどにはそなわっている心的機能なのではないだろうか。

3 何があったんだっけ？——エピソード記憶

「昨日の夜、どこにいってたん？　電話かけたけど、出えへんかったやん？」
「ああ、コンビニに夜食買いに行ってたわ。携帯持って行くの忘れてん。」

よくある会話だ。この会話は、われわれが、特に記憶しようとは思わなかった私的出来事を憶えており、必要に応じて取り出せることを示している。このように、意識的努力によって取り出すことのできる自身の経験の記憶は、エピソード記憶と呼ばれている。エピソード記憶は、いつ、どこで、何が生じたのかを情報として含んでいる。もちろんそれらの情報は時につれてあいまいになるが。

それに対して、それが生じた文脈から独立した一般的な記憶は、意味記憶と呼ばれている。平安京遷都が七九四年である、自分のネコの名前はミュウである、病気の時は医者に行けばよい、などの知識は、みな意味記憶である。一方、これらの知識を獲得した当時をふり返って、「ああ、そういえばこのネコの名前は、この子をもらってきてすぐに、ポケモンにはまっていた子どもが付けたんだったな」というのはエピソード記憶である。

エピソード記憶はヒト特有である、と長い間考えられてきた。というのも、通常このタイプの記憶の存在は言語によって実証されるし、自身の過去の経験に対する意識的なアクセスが要求されると考えられるからである。米国の記憶研究のリーダーの一人であるタルヴィングは、エピソード記憶システムは、「自述的意識（オートノーティック・コンシャスネス autonoetic consciousness、タルヴィングの造語だと思われる）」を必要とし、それによって、過去の経験を再体験することを可能にする記憶システムである、と述べている（文献96）。これにより「心的時間旅行（メンタル・タイム・トラベル mental time travel）」が実現される。そして現在のところ、エピソード記憶システムは五歳以上のヒトでしか存在が証明されていない、という。四歳までの子どもは、例えば見えない箱の中身を教えられて知った場合と自分がのぞいて知った場合とを区別できないという。箱の中身が何かということ自体は意味記憶である。他方、それを知った経緯の記憶はエピソード記憶である。エピソード記憶がなければ、なぜ自分が箱の中身を知っているかが答えられない。

しかし近年、さまざまな動物が、エピソード記憶的な過去の想起をおこなえるらしいことが、種々の実験から証明されつつある。以下にそれらを紹介しよう。

いつ、どこで、何が？——アメリカカケスのエピソード記憶的記憶

先述のように、エピソード記憶は、自身の体験に関する記憶であり、いつ、どこで、何が生じたかが、ワンセットになって記憶されている。英国ケンブリッジ大学のクレイトンとディッキンソンは、アメリカカケスというカラス科の鳥が、このような記憶を持つことを証明した（文献17）。

アメリカカケスは、余剰の食物があると、地面に穴を掘ってそれを貯蔵する習性を持っている。地面の代わりに砂の入った箱を用意して、まずカケスに二つの餌を与える。一つはピーナッツで、カケスがこれを砂の中に隠した後、四時間後及び一二四時間後に取り出させた。ピーナッツは保存性がよ

いから、いずれの場合にも、砂から取り出せばおいしく食べられる。もう一つはハチミツガの幼虫である。カケスがこれを隠した後、同じように四時間後、あるいは一二四時間後に取り出させた。ガの幼虫は砂の中に長時間置かれると腐ってしまい、食べられなくなる。保存性の悪い食料である。これを数回繰り返して、餌の性質を学習させた。

次に、二連の箱を用意し、片方のフタを開けて一方の餌を隠させ、一二〇時間後に、反対側のフタを開けてもう一方の餌を隠させた。そのあと、四時間後に、両方のフタを開けて餌を取り出させた。ピーナッツを先に隠した場合には、どちらの箱の餌もおいしく食べられる。しかしガの幼虫が先であった場合には、食べられるのはあとから隠した箱のピーナッツだけである。この訓練は隠させる餌の順序を逆にして、一度ずつおこなわれた。

最後にテストがおこなわれた。テストでは二連の箱を用いて、同じ手順で餌を隠させるが、取り出させるときには、全ての餌が取り除かれた。つまり匂いの手がかりは使えない。カケスは記憶をたどって、判断するしかない状況に置かれる。

ピーナッツを先に隠させたテストでは、カケスは最後の取り出し時に、圧倒的にガの幼虫を隠した方の箱をつついて餌を探索した。ガの幼虫の方が好きなのである。ところが、ガの幼虫を先に隠させたテストでは、カケスはほとんどの場合にピーナッツを隠した方の箱に探索を向けたのである。

こうした行動は、どこに何が隠されているかだけではなく、いつそれを隠したのかが記憶されていなければ実現できない。

ひょっとすると、カケスにはガの幼虫のような生き餌は早く忘れてしまうという生得的な傾向があるかも知れない。この可能性を調べるために、クレイトンらは、ガの幼虫をいつも新鮮なものに置き換える条件と、ガの幼虫は、時間が経つと時々消えてなくなる条件を与えてテストしている。つまり餌の性質を操作したということである。

このようなテストでは、テスト時のカケスの探索は、隠した順序にかかわらず、圧倒的にガの幼虫に向けられるようになった。つまり、最初の実験で示されたカケスの選択行動は、生き餌に対する記憶の減衰速度では説明できない。カケスはやはり、いつ、どこに、何を隠したのかを憶えていたとしか思えない。

アメリカカケスの餌貯蔵は、この鳥にそなわった特殊能力である。彼らがより一般的な行動や体験について同様の記憶能力を示すのか否かはわからない。カケスのエピソード記憶的記憶は、貯食という特殊能力に特異的にそなわったものであるかも知れない。

類似の実験をハンプトンらはアカゲザルを対象におこなっている（文献36）。しかし、アカゲザルは、どこに何があるかはよく憶えているけれども、いつそれがあったかは憶えていないという結果が示された。他方、放射状迷路で、ラットはチョコレートの置かれた場所と時間を憶えているという報告もある（文献2）。これもラットの驚異的な放射状迷路走行と関係があるのかも知れない。種特異的に発達していない一般的体験について、いつ、どこで、何が、をまとめて記憶している証拠は、まだどの動物種についてもあげられていない。

思い出そうとして思い出す——意識的想起

エピソード記憶のもう一つの特徴は、自身の体験を、後刻の必要に迫られて努力して思い出すという点にある。この点についても最近いくつかの検討がおこなわれている。

まずイルカの実験から見てみよう。ハワイ大学海洋哺乳類研究センターでは、ハンドウイルカに、手旗信号のようなサインを読み取って「ボールをフリスビーのところに運べ」などの命令にしたがうことを訓練している。

メルカードとハーマンらは、通常のサインにくわえて、特別な意味を持つサインを二つ教えこんだ。一つは、「直前の行動を反復せよ」というサインである。直前の試行でビート板をもってこいという命令が出されたなら、それと同じ行動をもう一度すればよいわけである。もう一つは、「最近出していない行動をせよ」という命令で、イルカは直前五試行の間に出していない行動を、自身で選び出して実行しなければならなかった。過去五試行のサインを憶えていれば、これは実行可能である。

さて、この二つをイルカが習得した後、テストがおこなわれた。テストでは、「最近出していない行動をせよ」という命令を出した試行の次の試行で、「直前の行動を反復せよ」という命令を出したのである。「最近出していない行動をせよ」という命令は、何か特別な行動を指示してはいない。したがってイルカは、その命令に対して自身が少し前にどのように応答したかを思い出して、同じ行動を反復しなければならない。

このようなテストをすると、二頭のうち一頭のイルカは、こうしたテストの頭から、ほとんど正解したのである（文献54）。これは、せいぜいが数分前のことではあるにせよ、イルカは必要に応じて自身の過去の経験を思い出して取り出せることを示している。

シュワルツは、フロリダ動物園のキングというオスのゴリラが、カードを使って過去の出来事を記述できることを示している（文献83）。このゴリラは、長期間サーカスでヒトに飼育されていた個体で、英語とスペイン語を理解し、鏡に映った自己の姿をそれと認識できる数少ないゴリラのひとりである。この実験が始まる前に、食物や食物の名前に対して適切なカードを選ぶことをすでに学習していた。ヒトがけつまずいたりすると、その不幸を喜ぶかのような表情をするという。かなり変わったゴリラではある。

実験に先立ち、三人の実験者と実験者の名前（音声）に対して正しいカードを選ぶことが訓練された。完成した後、テストをする。まず一人の人物がキングに食物を手渡す。キングはもちろんそれを食べる。その後、五分あるいは二四時間をおいて、キングに人物のカードと食物のカードを選ばせた。このようにすると、キングはすでにそこにはない食物と人物を正しく選ぶことができた。このテストは反復されたので、そのうちにキングは、食物を手渡されたときに、後刻人物名と食物名がテストされる、と予測するようになったのかも知れない。そうだとするとこれはエピソード記憶にならない。

そこでシュワルツは、目撃者証言課題のようなテストをおこなっている。キングに一回だけ起こる出来事を経験させた。それらは、初めての食べ物をキングが食べる、既知のあるいは未知の人物がテニスラケットを振るというような奇妙な行動をしているところを見る、あるいは見たことのない物体を見る、のいずれかである。その後五〜一五分経って、三枚の写真から、経験した事象に関係のある写真を選べるかどうかを調べた。そうすると、キングの正答率は、非常に高いというわけではないが、偶然以上だったという。

ジョージア州立大学言語研究センターのチャーリー・メンゼルは、パンジーというメスのチンパンジーが自発的に過去に目撃した事象を記述して、ヒトの援助を求めることを報告している（文献57）。パンジーは、食物、道具、行為、森の場所について、一二〇個以上の図形語を教えられていた。パンジーの飼育施設にはインドアケージとそれに隣接する野外ケージがあった。いずれにも図形語が並べられたキーボードがそなえつけられている。野外ケージの外には森が広がっていた。ここで行われるテストの以前には、パンジーは、四〇秒以上の遅延テストの経験はなく、森には六年間も行っていない。野外ケージの外にあるものを手に入れるには、パンジーは誰か人に頼まなければならなかった。ただし、何がほしいかを告げる必要はなかった。

テストでは、実験者が物体あるいは食物を持ってパンジーに見せた後、それを森の中に隠した。パンジーはそれを見ていた。その後、遅延時間をおいて、別の人との接触の機会がパンジーに与えられた。ただし、その人物は特にパンジーに対して働きかけはしない。

すべて別々の物体を用いて、テストは三四回おこなわれた。うち一〇試行では遅延は一晩、二四試行では数分だった。

パンジーと人との接触はインドアケージでおこなわれる。ただし、この人物は、森で生じた出来事に関して何も知らない。三四試行中二四試行では、試行がセットされていることすら知らなかった。試行のない日もあるし、いつ試行がスタートするかもわからない状況である。三人の人物がこの役割を受け持った。

その結果、パンジーは、森の中に物体や食物があるときには高い頻度で人に対して働きかけをおこなった。例えば音声で注意を引く、インドアのキーボードに向けてジェスチャを出す、ヒトがケージに近づいたときにキーボードの方に移動する。人差し指をキーボードのレクシグラムに触れて、ヒトがやってきてその名前を言うまでおいておく、などの行動が見られた。図形語の選択も正確で、八四パーセントについては、隠された物体に対応する図形語だった。かくれんぼのジェスチャや、隠し場所に向けた腕差しも見られた。こうした働きかけの結果、人は三四物体全てを見つけることに成功した。パンジーは、モノがあればいつも人に働きかけたわけではない。大好物の場合でも、二時間以上も何もしないこともあった。長い場合には九〇時間以上も何もしないことがあった。

これらのことは、パンジーが、実物の見えないところで、長時間経過後に情報を取り出せることを示している。パンジーはそうしろと命令されたわけではない。人から問いかけられたわけでもない。彼女はまったく自発的に過去の情報を取り出したのである。

これらの研究結果は、類人やイルカ及び一部の鳥類には、ヒトのエピソード記憶によく似た性質を持つ記憶システムがあることを示している。

4 あしたに備えて——未来への心的時間旅行

エピソード記憶を持ち、心的時間旅行ができることにはどのような意義があるのだろうか。もちろんそれには、時間をおいて過去から学ぶ、あるいは過去の事実関係から現在取るべき行動を決定できる、などの利点があるように思われる。しかし、エピソード記憶だけを失った脳損傷患者は、実は普通の人とほぼ変わらない生活ができるという。つまりこれは生きていくために必須のシステムではないようにも見える。

タルヴィングによれば、心的時間旅行の最大の意義は、それが未来に対する時間旅行を可能にすることであるという。つまり、将来を予測して、あらかじめ将来に備えるために、この機能が役立っているというのである。

エストニアの童話にこんな話がある。ある晩、女の子が友達のお誕生会に行く夢を見る。そこでは大好物のチョコレートプディングが出される。友達はみんな自分のスプーンを持ってきていて、おいしそうにそれを食べている。ところが、自分一人だけは、スプーンが無くて、食べられない。そこで、次の夜、二度と悲しい思いをしないように、その女の子はスプーンを握りしめてベッドに入った。

何ともかわいらしいお話であるが、これは未来に対する心的時間旅行を示す好例であるという。タルヴィングは、こうした準備的行動ができるかどうかを、ヒト以外の動物で試してみるべきだと述べている。彼はこれを「スプーンテスト」と呼んでいる。

マックスプランク進化人類学研究所のムルカイとコールは、つい最近、これにあたるテストをオランウータン三頭とボノボ三頭を対象におこなった（文献60）。

まずこれらの類人に道具を使って食物を手に入れることを訓練した。実験用パネルに小さな穴が開いている。この穴に細い棒を差しこんで、奥の乾燥スパゲッティを割ると、その両側に取り付けられた食物が餌箱に落下した。

次に、二つの適切な道具と六つの不適切な道具をテスト室に置き、食べ物のぶらさがった装置を透明板でふさいで、類人を入れる。装置は見えるが、道具を差しこむことはできないわけである。五分後、その個体を隣の待合室に追い出し、テスト室に残された道具をすべて片付けてしまう。そして一時間後、透明板をはずしたテスト室にその個体を戻す。

これを一六試行繰り返すと、類人は平均約七〇パーセントの割合で、適切な道具を隣室に持ち出し、それを持ってテスト室に帰ってきた。これは、全ての個体で、最初の七回の試行のうちには必ず生じた。

次の実験では、よくできたボノボ、オランウータン各一頭を対象に、遅延時間を一時間から一四時間に延ばしたテストをおこなった。一晩、寝室に戻したのである。第一試行ではできなかったが、第二試行以降、オランウータンは全試行で合格した。ボノボも八回合格した。

ひょっとすると類人たちは、テスト室で現在の需要を満たす道具を持ち運んだだけかも知れない。そこで第三実験では、実験一でよくできた方のオランウータン二頭とボノボ二頭に、別の道具使用を訓練した。これはフックを使って、ジュースのボトルをぶら下げているひもを引き寄せる課題である。適切な道具を一個、不適切な道具を三個並べた。テスト室で道具を選ばせるときにはボトルはぶら下げておかなかった。

これを一六回繰り返したところ、平均六・五回適切な道具を持ち出して持ちこんできた。四つに一つしか正しい道具はないので、これは偶然以上の確率である。

ひょっとすると、当該の道具を持ち出し持ちこむという一連の動作が、報酬によって強められただけかも知れない。そこで最後の実験では、新たなオランウータン二頭とボノボ二頭にボトル課題を与えた。テスト方法は実験三と同じだが、帰ってきたときにはボトルがなく、その代わりに、適切な道具を持って帰ってくると実験者が報酬を与えた。

これを一六回繰り返したところ、適切な道具を持ち帰ったのは二頭のみで、平均一・八回である。これは実験三よりも低い数字であった。つまり実験三の結果は単純な報酬による学習では説明できない。

実験四でうまくいかなかったのは報酬で強化される機会がなかったからだ、という反論があるかも知れない。しかし同様の事態で、実験一では、成功するまで類人は決して報酬を手にしていないにも関わらず、適切な道具の持ち出し持ちこみに成功している。したがって、実験一の個体は、道具を持ち出し持ち帰ればよいということを、どの時点かで見抜いたのだということができる。

そもそも、道具を持ち出すという行動と最終的に報酬を手にするまでの遅延は一時間以上あるので、単純な条件づけ学習とは思えない。オランウータンもボノボも、野生状態ではほとんど道具使用は観察されていないので、何かしら生得的な傾向であるようにも思えない。これらのことから、オランウータンとボノボは、将来の必要に備えて、あらかじめ適切な道具を選択し、運搬し、貯蔵し、必要なときに持ちこんだのだということができる。

つまり、これらの類人は、スプーンテストに合格したのである。未来の計画を立てることができるのは、ヒトだけの特徴ではない。未来への心的時間旅行は少なくともオランウータンとボノボには可能だったのである。

タルヴィングは、未来への心的時間旅行は過去への心的時間旅行と同じエピソード記憶システムが働いた結果だと考えている。もしそうだとすれば、類人はエピソード記憶システムを持っていることになる。神経系内部にしか存在しない自己の心的状態への意識的なアクセスができるのは、ヒトだけの特徴ではなさそうである。

このように、さまざまな意識的・内省的過程が、どうやらヒト特有のものではなさそうだということがようやくわかってきた。おそらく類人を初めとする動物の心は、これまで思われてきた以上に、われわれのそれに近いのではないだろうか。たぶんわれわれが自分たちを特別な存在だと思うのは、われわれが自分たちについてよく知っていて、他の動物たちのことをよく知らないからだろう。まさに「井の中の蛙、大海を知らず」ではないか。

こうした恥ずかしい態度が、万物の霊長を自認するわれわれにふさわしいものだろうか。もっと謙虚に、動物たちの素晴らしい生きざま、素晴らしい心の世界をたたえようではないか。そして、地球に生きる全てのきょうだいたちと、末永く豊かで平和な未来を築いていきたいものである。

コラム06 column ピコの虹色家族

四年前（二〇〇二年）のこと、ミニチュアダックスのピコが妊娠しました。お相手はペットショップで紹介してもらった優しい感じの男の子。二ヶ月の妊娠期間、次第に大きく垂れ下がっていくピコのおなかを見ていると、こっちの方が、息が詰まってきそうです。六月一五日の夜になって、トイレで踏ん張る回数が増えてきたので、出産が近いと見て、タオルやホッカイロ、ティッシュなどを用意していったんスタンバイしました。しかしなかなか出産が始まる様子はなく、少し落ち着いたので、布団にもぐりこみました。

どのくらい経ったのでしょうか。子犬のピーピーという鳴き声で目が覚めました。

第一子が生まれていました。午前二時三〇分のことです。黒毛混じりの茶色の女の子。一八二グラムです。もう羊膜はきれいになめ取られています。臍帯をはさみで切り、ホッカイロとタオルにくるんでかごに入れると、ほどなくピコがまた力みはじめました。

出てきたのは真っ黒な女の子。一五〇グラムしかありません。ピコは臍帯を切ろうとしますが、羊膜につつまれているので、このままでは窒息します。こちらで羊膜を破り、タオルにくるんで振ると、羊水を二度吐き出したあと、呼吸を始めました。やれやれ……。

少し時間が空いたので、二頭を乳首に吸い付かせます。ぎこちないけれど成功。ピコはうっとうしい様子です。一時間ほどしてまたピコが立ち上がって力みはじめました。ほどなく出てきたのはこげ茶色の男の子。羊膜はすでに破れてピコが体をなめていますが、臍帯を切る気配はありません。ふと見ると、後産がでてこないまま、すでにこの子はお母さんのおっぱいにしゃぶりついている！　なんて元気な！　しかも大きい。臍帯を切って体重を量ると、二一〇グラムもありました。

そのあと、三頭を授乳させました。ふと気がつくと、ピコの足元に白い塊が……第四子です。ほとんど力むことなく出産した様子です。すでに羊膜はありません。臍帯を切り、後産を引き出しました。クリーム色の輝くばかりの被毛を持った女の子。体重は一八六グラムでした。

それにしても出てくる度に毛色が違います。不思議なこともあるものですね。遺伝子の組合せの妙というのでしょうか。まさか全部は飼えない。日増しに大きく可愛くなっていく子犬たちを見て、どの子を残そうか、家族会議を開きますが決まりません。それぞれお気に入りの子がバラバラ

なのです。ペット屋さんに連れて行き、被毛色を同定してもらい、血統書の申請をすませました。日は過ぎていきます。どうしよう。まさか全部は……。でも、お母さんが教えたのか、すでにトイレには自分で入るようになっています。室内犬の場合には、トイレのしつけがいちばん大変です。でももうそれは学習しているとするなら……。

えい、ままよ、ある日の家族会議で、全部残すことを提案しました。家内にはあらかじめ相談しておいたので賛成、子どもたちはもちろん賛成です。ピコ、アミ、ハナ、フォルテ、ルナ、虹色家族は全員そろって藤田家に残ることになりました。

虹色家族に会いたい方は、http://www.eonet.ne.jp/~kazuo-f/family.htm から「ピコ」のページをご覧ください。

引用文献

（1） Anderson, J. R., Kuroshima, H., Kuwahata, H., Fujita, K., & Vick, S-J. (2001) Training squirrel monkeys (*Saimiri sciureus*) to deceive : Acquisition and analysis of behavior toward cooperative and competitive trainers. *Journal of Comparative Psychology*, 115, 282–293.

（2） Babb, S. J., & Crystal, J. D. (2005) Discrimination of what, when, and where : Implications for episodic-like memory in rats. *Learning & Motivation*, 36, 177–189.

（3） Beatty, W. W., & Shavalia, D. A. (1980) Rat spatial memory : Resistance to retroactive interference at long retention intervals. *Animal Learning & Behavior*, 8, 550–552.

（4） Biro, D. & Matsuzawa, T. (1999) Numerical ordering in a chimpanzee (*Pan troglodytes*) : planning, executing, and monitoring. *Journal of Comparative Psychology*, 113, 178–185.

（5） Blough, D. S. (1985) Discrimination of letters and random dot patterns by pigeons and humans. *Journal of Experimental Psychology : Animal Behavior Processes*, 11, 261–280.

（6） Boesch, C. (2003) Complex Cooperation among Taï Chimpanzees. In : de Waal, F. B. M., & Tyack, P. L. (eds.). *Animal Social Complexity : Intelligence, culture, and individualized societies.* Cambridge, MA ; Harvard University Press (pp. 93–110).

（7） Boesch, C., & Boesch, H. (1989) Hunting behavior of wild chimpanzees in the Taï National Park. *American Journal of Physical Anthropology*, 78, 547–573.

（8） Boysen, S. T., & Berntson, G. G. (1995) Responses to quantity : Perceptual versus cognitive mechanisms in chimpanzees (*Pan troglodytes*). *Journal of Experimental Psychology : Animal Behavior Processes*, 21, 82–86.

（9） Brannon, E. M., & Terrace, H. S. (1998) Ordering of the numerosities 1 to 9 by monkeys. *Science*, 282, 746–749.

（10） Bravo, M., Blake, R., & Morrison, S. (1988) Cats see subjective contours. *Vision Research*, 28, 861–865.

（11） Byrne, R. W. (1995) *The thinking ape : Evolutionary origins of intelligence.* Oxford : Oxford University Press. ［小山高正・伊藤紀子（訳）(1998)『考えるサル』大月書店］

(12) Byrne, R. & Whiten, A. (eds.), (1988) *Machiavellian intelligence : Social expertise and the evolution of intellect in monkeys, apes, and humans.* Oxford Science Publications. ［藤田和生・山下博志・友永雅己（監訳）(2004)『マキャベリ的知性と心の理論の進化論――ヒトはなぜ賢くなったか』ナカニシヤ出版］

(13) Byrne, R. W. & Whiten, A. (1990). Tactical deception in primates : the 1990 database. *Primate Report*, 27, 1–101.

(14) Call, J., Brauer, J., Kaminski, J., & Tomasello, M. (2003) Domestic dogs (*Canis familiaris*) are sensitive to the attentional state of humans. *Journal of Comparative Psychology*, 117, 257–263.

(15) Call, J., & Carpenter, M. (2001) Do apes and children know what they have seen ? *Animal Cognition*, 4, 207–220.

(16) Chappell, J., & Kacelnik, A. (2002) Tool selectivity in a non-primate, the New Caledonian crow (*Corvus moneduloides*). *Animal Cognition*, 5, 71–78.

(17) Clayton, N. S., & Dickinson, A. (1998) Episodic-like memory during cache recovery by scrub jays. *Nature*, 395, 272–274.

(18) Collett, M., Collett, T. S., Bisch, S., & Wehner, R. (1998) Local and global vectors in desert and navigation. *Nature*, 394, 269–272.

(19) Collett, M., Collett, T. S., & Dyer, F. C. (2006) The stereotyped use of path integration in insects. In : Fujita, K., & Itakura, S. (eds.), *Diversity of cognition : Evolution, development, domestication, and pathology*. Kyoto : Kyoto University Press (pp. 171–187).

(20) Cook, R. G., Brown, M. F., & Riley, D. A. (1985) Flexible memory processing by rats : Use of prospective and retrospective information in the radial maze. *Journal of Experimental Psychology : Animal Behavior Processes*, 11, 453–469.

(21) Deruelle, C., & Fagot, J. (1998) Visual search for global/local stimulus features in humans and baboons. *Psychonomic Bulletin & Review*, 5, 476–481.

(22) Dunbar, R. I. M., McAdam, M. R., & O'Connell, C. (2005) Mental rehearsal in great apes (*Pan troglodytes and Pongo pygmaeus*) and children. *Behavioural Processes*, 69, 323–330.

(23) Fagot, J., & Tomonaga, M. (1999) Global and local processing in humans (*Homo sapiens*) and chimpanzees (*Pan troglodytes*) : Use of a visual search task with compound stimuli. *Journal of Comparative Psychology*, 113, 3–12.

(24) Fujita, K. (1996) Linear perspective and the Ponzo illusion : A comparison between rhesus monkeys and humans. *Japanese Psychological Research*, 38, 136–145.

(25) Fujita, K. (1997) Perception of the Ponzo illusion by rhesus monkeys, chimpanzees, and humans : Similarity and difference in the three primate species. *Perception & Psychophysics*, 59, 284–292.
(26) 藤田和生 (1998)『比較認知科学への招待——「こころ」の進化学』ナカニシヤ出版。
(27) Fujita, K. (2001) Perceptual completion in rhesus monkeys (*Macaca mulatta*) and pigeons (*Columba livia*). *Perception & Psychophysics*, 63, 115–125.
(28) Fujita, K., Blough, D. S., & Blough, P. M. (1991) Pigeons see the Ponzo illusion. *Animal Learning & Behavior*, 19, 283–293.
(29) Fujita, K., Blough, D. S., & Blough, P. M. (1993) Effects of the inclination of context lines on perception of the Ponzo illusion by pigeons. *Animal Learning & Behavior*, 21, 29–34.
(30) Fujita, K., & Giersch, A. (2005) What perceptual rules do capuchin monkeys (*Cebus apella*) follow in completing partly occluded figures ? *Journal of Experimental Psychology : Animal Behavior Processes*, 31 (4), 387–398.
(31) Fujita, K., Kuroshima, H., & Asai, S. (2003) How do tufted capuchin monkeys (*Cebus apella*) understand causality involved in tool use ? *Journal of Experimental Psychology : Animal Behavior Processes*, 29, 233–242.
(32) Fujita, K., Kuroshima, H., & Masuda, T. (2002) Do tufted capuchin monkeys (*Cebus apella*) spontaneously deceive opponents ? A preliminary analysis of an experimental food-competition contest between monkeys. *Animal Cognition*, 5, 19–25.
(33) Fujita, K., & Ushitani, T. (2005) Better living by not completing : A wonderful peculiarity of pigeon vision ? *Behavioural Processes*, 69, 59–66.
(34) Genty, E., & Roeder, J-J. (2006) Can lemurs learn to deceive ? A study in the black lemur (*Eulemur macaco*). *Journal of Experimental Psychology : Animal Behavior Processes*. 32, 196–200.
(35) Hampton, R. R. (2001) Rhesus monkeys know when they remember. *Proceedings of the National Academy of Science, USA.*, 98 (9), 5359–5362.
(36) Hampton, R. R., Hampstead, B. M., & Murray, E. A. (2005) Rhesus monkeys (*Macaca mulatta*) demonstrate robust memory for what and where, but not when, in an open-Weld test of memory. *Learning and Motivation*, 36, 245–259.
(37) Hampton, R. R., Zivin, A., & Murray, E. A. (2004) Rhesus monkeys (*Macaca mulatta*) discriminate between knowing and not knowing and collect information as needed before acting. *Animal Cognition*, 7, 239–254.
(38) Hare, B., Call, J., Agnetta, B., & Tomasello, M. (2000) Chimpanzees know what conspecifics do and do not see. *Animal Behaviour*, 59, 771–785.

(39) Hattori, Y., Kuroshima, H., & Fujita, K. (2005) Cooperative problem solving by tufted capuchin monkeys (*Cebus apella*) : Spontaneous division of labor, communication, and reciprocal altruism. *Journal of Comparative Psychology*, 119, 335–342.

(40) Hattori, Y., Kuroshima, H., & Fujita, K. I know you are not looking at me : Capuchin monkeys' (*Cebus apella*) sensitivity to human attentional states. *Animal Cognition*, in press.

(41) Hauser, M. D. (2000) What do animals think about numbers ? *American Scientist*, 88, 114–151.

(42) Hauser, M. D., Carey, S., & Hauser, L. B. (2000) Spontaneous number representation in semi-free-ranging rhesus monkeys. *Proceedings of the Royal Society of London B.*, 267, 829–833.

(43) Inman, A. & Shettleworth, S. J. (1999) Detecting metamemory in nonverbal subjects : A test with pigeons. *Journal of Experimental Psychology : Animal Behavior Processes*, 25, 389–395.

(44) 岩田佳奈（2001）手がかり物体と目標の位置関係がハムスターの空間表象に及ぼす効果。京都大学文学部 2000 年度卒業論文。

(45) Judd, S. P. D., & Collett, T. S. (1998) Multiple stored views and landmark guidance in ants. *Nature*, 392, 710–714.

(46) Kaminski, J., Call, J., & Fischer, J. (2005) Word learning in a domestic dog : Evidence for "fast mapping", *Science*, 304, 1682–1683.

(47) Kaminski, J., Call, J., & Tomasello, M. (2004) Body orientation and face orientation : two factors controlling apes' begging behavior from humans. *Animal Cognition*, 7, 216–223.

(48) Kawai, N. & Matsuzawa, T., (2000) Numerical memory span in a chimpanzee. *Nature*, 403, 39–40.

(49) Kuroshima, H., & Fujita, K. Can tufted capuchin monkeys learn wisdom from follies of the others ? (in preparation)

(50) Kuroshima, H., Fujita, K., Adachi, I., Iwata, K., & Fuyuki, A. (2003) A capuchin monkey (*Cebus apella*) understands when people do and do not know the location of food. *Animal Cognition*, 6, 283–291.

(51) Kuroshima, H., Fujita, K., & Masuda, T. (2002) Understanding of the relationship between seeing and knowing by capuchin monkeys (*Cebus apella*) . *Animal Cognition*, 5, 41–48.

(52) Mason, W. A., & Hollis, J. H. (1962) Communication between young rhesus monkeys. *Animal Behaviour*, 10, 211–221.

(53) Matsuzawa, T. (1985) Use of numbers by a chimpanzee. *Nature*, 315, 57–59.

(54) Mercado, E., III, Murray, S. O., Uyeyama, R. K., Pack, A. A., & Herman, L. M. (1998) Memory for recent actions in the bottlenosed dolphin

(*Tursiops truncatus*) : Repetition of arbitrary behaviors using an abstract rule. *Animal Learning & Behavior*, 26, 210–218.
(55) Mendres, K. A., & de Waal, F. B. M. (2000) Capuchins do cooperate : The advantage of a intuitive task. *Animal Behaviour*, 60, 523–529.
(56) Menzell, C. (2005) Progress in the study of chimpanzee recall and episodic memory. In : Terrace, H., & Metcalfe, J. (eds.) (2005) *The missing link in cognition : Origins of self-reflective consciousness.* New York : Oxford University Press (pp. 188–224).
(57) Menzell, E. W. (1974) A group of young chimpanzees in a one-acre field : Leadership and communication. In : Schrier, A. M., & Stollnitz, F. (eds.), *Behavior of nonhuman primates. Vol. 5*, New York : Academic Press (pp. 83–153).
(58) Mitchell, R. W., & Anderson, J. R. (1997) Pointing, withholding information, and deception in capuchin monkeys (*Cebus apella*). *Journal of Comparative Psychology*, 111, 351–361.
(59) Miyata, H., Ushitani, T., Adachi, I., & Fujita, K. (2006) Performance of pigeons (*Columba livia*) on maze problems presented on the LCD screen : In search for preplanning ability in an avian species. *Journal of Comparative Psychology*, 120, 353–366.
(60) Mulcahy, N. J., & Call, J. (2006). Apes save tools for future use. *Science*, 312, 1038–1040.
(61) Mushiake, H., Saito, N., Sakamoto A., Sakamoto, K., Itoyama, Y., & Tanji, J. (2006) Activity in the Lateral Prefrontal Cortex Reflects Multiple Steps of Future Events in Action Plans, *Neuron*, 50, 631–641.
(62) Myowa-Yamakoshi, M., Tomonaga, M., Tanaka, M., & Matsuzawa, T. (2003) Preference for human direct gaze in infant chimpanzees (*Pan troglodytes*). *Cognition*, 89, B53–B64.
(63) Nakamura, N., Fujita, K., Ushitani, T., & Miyata, H. (2006) Perception of the standard and the reversed Müller-Lyer figures in pigeons (*Columba livia*) and humans (*Homo sapiens*). *Journal of Comparative Psychology*, 120, 252–261.
(64) Nakamura, N., Watanabe, S., & Fujita, K. Pigeons perceive the assimilation illusion induced by Ebbinghaus-Titchener circles. (submitted)
(65) Nicholas, J. M., & Call, J. (2006) Apes Save Tools for Future Use. *Science*, 312, 1038–1040.
(66) Nieder, A., & Wagner, H. (1999) Perception and neuronal coding of subjective contours in the owl. *Nature Neuroscience*, 2, 660–663.
(67) 小原嘉明 (2003)『モンシロチョウ——キャベツ畑の動物行動学』中公新書。
(68) Olton, D. S. (1978) Characteristics of spatial memory. In Hulse, S. H., Fowler, H., & Honig, W. K. (eds.), *Cognitive processes in animal behavior.* Hillsdale, NJ : Lawrence Erlbaum Associates (pp. 341–373).

(69) Paukner, A., Anderson, J. R., & Fujita, K. (2005) Redundant food searches by capuchin monkeys (*Cebus apella*) : a failure of metacognition? *Animal Cognition*, 9, 110–117.

(70) Paz-y-Miño, C, F., Bond, A. B., Kamil, A. C., & Balda, R. P. (2004) Pinyon jays use transitive inference to predict social dominance. *Nature*, 430, 778–781.

(71) Pepperberg, I. M. (1999) *The Alex studies : Cognitive and communicative abilities of grey parrots.* Cambridge, MA : Harvard University Press. ［渡辺茂・山崎由美子・遠藤清香（訳）(2003)『アレックス・スタディ――オウムは人間の言葉を理解するか』共立出版］

(72) Perret, D. I., & Emery, N. J. (1994) Understanding the intentions of others from visual signals : neurophysiological evidence. *Cahiers de Psychologie Cognitive*, 13, 683–694.

(73) Povinelli, D. J., & Eddy, T. J. (1996) What young chimpanzees know about seeing. *Monographs of The Society for Research in Child Development.*, 61 (3, Serial No. 247)

(74) Povinelli, D. J., & de Blois, S. (1992) Young children's (*Homo sapiens*) understanding of knowledge formation in themselves and others. *Journal of Comparative Psychology*, 106, 228–238.

(75) Povinelli, D. J., Nelson, K. E., & Boysen, S. T. (1990) Inferences about guessing and knowing by chimpanzees (*Pan troglodytes*) . *Journal of Comparative Psychology*, 104, 203–210.

(76) Povinelli, D. J., Nelson, K. E., & Boysen, S. T. (1992) Comprehension of role reversal in chimpanzees : evidence of empathy? *Animal Behaviour*, 43, 633–640.

(77) Povinelli, D. J., Parks, K. A., & Novak, M. A. (1991) Do rhesus monkeys (*Macaca mulatta*) attribute knowledge and ignorance to others? *Journal of Comparative Psychology*, 105, 318–325.

(78) Povinelli, D. J., Parks, K. A., & Novak, M. A. (1992) Role reversal by rhesus monkeys but no evidence of empathy. *Animal Behaviour*, 44, 269–281.

(79) Russell, J., Mauthner, N., Sharpe, S., & Tidserll, T. (1991) The 'windows task' as a measure of strategic deception in preschoolers and autistic subjects. *British Journal of Developmental Psychology*, 9, 331–349.

(80) Sato, Y., Kuroshima, H., & Fujita, K. Understanding of causality in tool use tasks involving three factors, reward, tool, and hindrance in tufted

capuchin monkeys (*Cebus apella*). (manuscript submitted for publication)

(81) Schatz, B., Chameron, S., Beugnon, G., & Collett, T. S. (1999) The use of path integration to guide route learning in ants. *Nature*, 399, 769–772.

(82) Schmidt-Koenig, K. (1958) Der Einfluß experimentell veränderter Zeitschätzung auf das Heimfindevermögen von Brieftauben. *Naturwissenschaften*, 45, 47. (cited in Wiltschko & Wiltschko, 1998)

(83) Schwartz, B. L. (2005) Do nonhuman primates have episodic memory? In: Terrace, H., & Metcalfe, J. (eds.), (2005) *The missing link in cognition: Origins of self-reflective consciousness.* New York: Oxford University Press (pp. 225–241).

(84) Silberberg, A., & Fujita, K. (1996) Pointing at smaller food amounts in an analogue of Boysen and Berntson's (1995) procedure. *Journal of the Experimental Analysis of Behavior*, 66, 143–147.

(85) Smith, J. D., Shields, W. E., Schull, J., & Washburn, D. A. (1997) The uncertain response in humans and animals. *Cognition*, 62, 75–97.

(86) Smith, J. D., Shields, W. E., & Washburn, D. A. (2003) The comparative psychology of uncertainty monitoring and metacognition. *Behavioral and Brain Sciences*, 26, 317–373.

(87) Smith, J. D., Schull, J., Strote, J., McGee, K., Egnor, R., & Erb, L. (1995) The uncertain response in the bottlenosed dolphin (*Tursiops truncatus*). *Journal of Experimental Psychology: General*, 124, 391–408.

(88) Son, L. K., & Kornell, N. (2005) Metacognitive judgments in rhesus macaques: Explicit versus implicit mechanisms. In: Terrace, H., & Metcalfe, J. (eds.), *The missing link in cognition: Origins of self-reflective consciousness.* New York: Oxford University Press (pp. 296–320).

(89) Suzuki, K., & Kobayashi, T. (2000) Numerical competence in rats (*Rattus norvegicus*): Davis and bradford (1986) extended. *Journal of Comparative Psychology*, 114(1), 73–85

(90) Takahashi, M., & Fujita, K. Inference based on transitive relation in tree shrews (*Tupaia belangeri*) and rats (*Rattus norvegicus*) on a spatial discrimination task. (manuscript submitted for publication)

(91) Takahashi, M., Ueno, Y., & Fujita, K. Inference of a consequence of others' behavior in capuchin monkeys, tree shrews, rats, and hamsters. (in preparation)

(92) Tokida, E., Tanaka, I., Takefuchi, H., & Hagiwara, T. (1994) Tool-using in Japanese macaques: Use of stones to obtain fruit from a pipe. *Animal Behaviour*, 47, 1023–1030.

(93) Tsutsumi, S., Fujita, K., Ushitani, T. (2003) When wild vervet monkeys commit theft : Are they reading the owner's attention ? *Paper presented at the 18th International Ethological Conference.* August, Florianopolis, Brazil. (A supplement volume of *Revista de Etologia* 5, p. 60)

(94) Tsutsumi, S., Ushitani, T., & Fujita, K. Two minus one equals … go and hunt! Application of arithmetic in wild vervet monkeys. (manuscript submitted for publication).

(95) 堤清香・高橋真・藤田和生（2005）カラスは他者の注意に敏感か？　日本動物心理学会第65回大会。千葉。10月（『動物心理学研究』55(2), p. 99）。

(96) Tulving, E. (2005). Episodic memory and autonoesis : Uniquely human ? In : Terrace, H., & Metcalfe, J. (eds.), (2005) *The missing link in cognition : Origins of self-reflective consciousness.* Oxford University Press (pp. 3–56).

(97) Ueno, Y., & Fujita, K. (1998) Spontaneous tool use by a tonkean macaque (*Macaca tonkeana*). *Folia Primatologica*, 69, 318–324.

(98) Ushitani, T. & Fujita, K. (2005) Pigeons do not perceptually complete partly occluded photos of food : An ecological approach to the "pigeon problem" *Behavioural Processes*, 69, 67–78.

(99) Ushitani, T., Fujita, K., & Yamanaka, R. (2001) Do pigeons (*Columba livia*) perceive object unity ? *Animal Cognition*, 4, 153–161.

(100) Visalberghi, E., Fragaszy, D. M., & Savage-Rumbaugh, S. (1995) Performance in a tool-using task by common chimpanzees (*Pan troglodytes*), bonobos (*Pan paniscus*), an orangutan (*Pongo pygmaeus*), and capuchin monkeys (*Cebus apella*). *Journal of Comparative Psychology*, 109, 52–60.

(101) Visalberghi, E., & Limongelli, L. (1994) Lack of comprehension of cause-effect relations in tool-using capuchin monkeys (*Cebus apella*). *Journal of Comparative Psychology*, 108, 15–22.

(102) Visalberghi, E., & Alleva, E. (1979) Magnetic influences on pigeon homing. *Biological Bulletin*, 125, 246–256.

(103) Walcott, C., & Green, R. P. (1974) Orientation of homing pigeons altered by a change in the direction of an applied magnetic field. *Science*, 184, 180–182.

(104) Whiten, A. & Byrne, R. (eds.), (1997) *Machiavellian intelligence II : Extentions and evaluations.* Cambridge : Cambridge University Press. [友永雅己・小田亮・平田聡・藤田和生（監訳）（2004）『マキャベリ的知性と心の理論の進化論――新たなる展開』ナカニシヤ出版]

(105) Wiltschko, W., & Wiltschko, R. (1998) The navigation system of birds and its development. In : Balda, R. P., Pepperberg, I. M., & Kamil, A. C.

(eds.), *Animal cognition in nature : The convergence of psychology and biology in laboratory and field.* New York : Academic Press (pp.155–199).

(106) Wiltschko, W., Wiltschko, R., & Keeton, W. T. (1976) Effects of a ‘permanent’ clock-shift on the orientation of young homing pigeons. *Behavioral Ecology and Sociobiology*, 12, 135–142.

(107) Woodruff, G., & Premack, D. (1979) Intentional communication in the chimpanzee : The development of deception. *Cognition*, 7, 333–362.

(108) Yamawaki, Y. (2006) Visual object recognition in the praying mantis and the parasitoid fly. In : Fujita, K., & Itakura, S. (eds.), *Diversity of cognition : Evolution, development, domestication, and pathology.* Kyoto : Kyoto University Press (pp. 147–170).

あとがき――心の相対論

今日のヒトの生き方はどうかしている。見ず知らずの人とインターネットで「メル友」になったり、一日中チャットをしたりするのはまだしも、せっかく友達同士一緒にいるのにゲーム機片手に一心不乱に「平行遊び」をしている子どもたちを見ていると、この子たちはおとなになったとき、ネット経由でゲーム機に配信される食べ物で生きていくんじゃないかなどと妄想してしまう。失敗したらいつでもリセットできるたまごっちのような疑似ペットに熱をあげる子どもたちに、いのちの大切さが刻みこまれるはずもない。

ヒトはさまざまないのちとともに生きている。地球の支配者面をしてはいるが、実のところヒトはいろいろな他の生き物の営みに頼って生きている。腸内に作られた安定した細菌叢は、他の有害な菌が増殖するのを防いでくれているし、皮膚の常在菌は肌を弱酸性にして健康に保ってくれている。ニキビダニは余計な皮脂を食べて、さらっとした肌作りに貢献してくれている。

食べ物を例にあげても、パンを作るには酵母菌の世話になっているし、漬け物もしょうゆも納豆もカツオ節も、菌類の世話になっている。ミミズが土を豊かにしてくれなければ大地の恵みは期待できない。ミツバチがいなければ果物の効率の良い受粉ができないし、もちろんハチミツは取れない。

いくら「進化」しても、ヒトは他の生き物がいなくなれば生きてはいけないのである。ヒトは地球が作り上げてきた生態系の一員であって、物理的にも社会的にも心理的にも、複雑にからみ合った環の一つに過ぎない。生き物はみなわれわれヒトの大切なパートナーなのである。お互いに尊敬し合い、助け合い、頼り合ってこそ、地球はわれわれをあたたかく包みこんでくれる。私は、彼らパートナー達のことをもっと知りたい。

ほんの二〇〇年ほど前まで、西欧的な世界観では、理性を持つのはヒトだけで、動物には反射という機械的なしかけがそなわっているだけだと考えられていた。ダーウィンが進化論を発表して以来、そうした極端な考え方は弱まっている。しかし今でも「動物に心があるか」という問いは目にするし、アメリカでは創造主義者達が神様がすべての動物たちを創ったという説（創造論）を学校で教えるように運動を展開している。

今でも極端な人間中心主義者はそう思っているのかも知れない。しかし最近の「動物の心」に関する研究の進展によって、ヒトとヒト以外の動物を隔てる垣根は一つまた一つと取り壊されている。学習も言語も道具も文化もみなそうだった。いまや意識も内省もそうなりつつある。

どこまで行っても人間中心主義者達は、「○○ができるのはヒトだけだ」と、ヒトの再定義をするだろう。だが、ヒトにできることだけを列挙して、「これがヒトだ」ということにどれほどの意味があるのだろう。同じことはイヌに対してもネコに対してもできる。それは確かに種の独自性を示すものであるが、種の優越性を示すものではない。四〇億年近くかけて、種はそれぞれ独自のものへと進化した。それだけのことである。

ヒトは多様な動物種の一種であり、ヒトの心は種の数だけある心の一つにしか過ぎない。地球上のすべての動物種の心は、四〇億年という歴史を踏まえた結果であって、その意味で等価だ。すべての動物種の心は、同じように大切であり、互いに敬うべきものであり、互いに補い合うべきものでもある。心は多様であり、相対的に捉えられるべきものなのだ。「心の相対論」とでも呼ぶべきこの認識は、地球共生系の未来を考える上で、何よりも大切な基本的認識だと思う。

「頭の良さ」だけは特別だ、という人もいるかも知れない。しかし、その頭の良いはずの人間が、大地震や津波、火山の噴火などによって大量に死んでいく。そうして壊滅したエリアでも、きっと虫やネズミは脈々とそのいのちをつないでいるだろう。全面核戦争が起こり、ヒトが死に絶えても、多くの「下等」動物は生きながらえ、新たな地球の生態系を作ることだろう。頭の良さはヒトの最大の武器ではあっても、決して魔法の杖ではないのである。

人間中心主義、人間至上主義を打ち壊そう。それはヒトの愚かさを示すだけのものでしかない。

動物たちの心をもっと知ろう。そして彼らと一緒に生きていこう。それはヒトが本来の姿に帰ることでもある。

この美しかったはずの太陽系第三惑星をもとに戻そう。ふるさとを取り戻そう。動物たちをこれ以上苦しませるのはやめよう。われわれはもう十分すぎるほど豊かだ。

動物たちが幸せでなければ、われわれの本当の幸せはたぶんあり得ない。われわれはみなきょうだいなのである。互いを思いやって、「地球幸せ系」を作り上げたいものだ。

本書の執筆に当たっては、次の経費の支援を受けた。平成一四年度〜一八年度文部科学省二一世紀COEプログラム「心の働きの総合的研究教育拠点」経費（京都大学、D-10）（拠点リーダー：藤田和生）、日本学術振興会科学研究費補助金No. 17300085（基盤研究(B)、平成一七年度〜）、No. 13410026（基盤研究(B)(2)、平成一三年度〜一六年度）、No. 14651020（萌芽研究、平成一四年度〜一五年度）、No. 10610072（基盤研究(C)(2)、平成一〇年度〜一二年度）（いずれも代表：藤田和生）、日本学術振興会先端研究拠点事業ＨＯＰＥ（平成一八年度〜、代表：松沢哲郎）、記して感謝したい。研究の実施に当たっては、以下の方々のご協力とご援助をいただいた。合わせて感謝したい。松沢哲郎、友永雅己、田中正之、上野吉一、板倉昭二、山下博志、明和政子、石川悟、粟津俊二、黒島妃香、桑畑裕子、牛谷智一、足立幾磨、Donald Blough、Patricia Blough、James Anderson、Sarah-Jane Vick、Annika Paukner、Anne

Giersch、各博士、及び、南雲純治、森崎礼子、高橋真、堤清香、服部裕子、酒井歩、中村哲之、宮田裕光、上垣恵一、森本陽、渡邉創太、高岡祥子、冬木晶、岩田佳奈、増田露香、浅井沙織、佐藤義明、竹野精美、神田智耶、寺岡綾、瀧本彩加各氏。さらに、いつも陰で私の研究活動を支えてくれている妻の眞理子、それから私の研究意欲をかき立ててくれるピコ、ミュウ、ヘイジはじめ、愛する動物たちにも感謝したい。

二〇〇六年八月、残暑厳しい京都にて

読書案内

〈動物の心・比較認知科学全般〉

ジャック・ヴォークレール（1996）（鈴木光太郎・小林哲生訳（1999））『動物のこころを探る』新曜社。

川合伸幸（2006）『心の輪郭――比較認知科学から見た知性の進化』北大路書房。

ドナルド・R・グリフィン（1992）（長野敬・宮木陽子訳（1995））『動物の心』青土社。

マリアン・S・ドーキンズ（1993）（長野敬他訳（1995））『動物たちの心の世界』青土社。

藤田和生（1998）『比較認知科学への招待――「こころ」の進化学』ナカニシヤ出版。

ジェフリー・M・マッソン、スーザン・マッカーシー（1994）（小梨直訳（1996））『ゾウがすすり泣くとき』河出書房新社。

レスリー・L・ロジャース（1997）（長野敬・赤松眞紀訳（1999））『意識する動物たち』青土社。

渡辺茂（編）（2000）『心の比較認知科学』ミネルヴァ書房。


〈鳥類〉

岡ノ谷一夫（2003）『小鳥の歌からヒトの言葉へ』岩波科学ライブラリー。

杉田昭栄（2004）『カラスなぜ遊ぶ』集英社新書。

渡辺茂（1995）『認知の起源をさぐる』岩波科学ライブラリー。

渡辺茂（1996）『ピカソを見分けるハト』日本放送出版協会出版。

渡辺茂（1997）『ハトがわかればヒトがみえる』共立出版。

渡辺茂（2001）『ヒト型脳とハト型脳』文春新書。

〈ヒトへの道〉

テレンス・W・ディーコン（1997）（金子隆芳訳（1999））『ヒトはいかにして人となったか』新曜社。

松沢哲郎・長谷川寿一（編）（2000）『心の進化——人間性の起源を求めて』岩波書店。

ペーテル・ヤーデンフォシュ（2000）（井上逸兵訳（2005））『ヒトはいかにして知恵者となったのか——思考の進化論』研究社。


〈霊長類〉

上野吉一（2002）『グルメなサル、香水をつけるサル』講談社。

小田亮（1999）『サルのことば——比較行動学から見た言語の進化』京都大学学術出版会。

京都大学霊長類研究所（編）（1992）『サル学なんでも小事典——ヒトとは何かを知るために』講談社ブルーバックス。

フランス・ドゥ・ヴァール（1996）（西田利貞・藤井留美訳（1998））『利己的なサル、他人を思いやるサル——モラルはなぜ生まれたのか』草思社。

フランス・ドゥ・ヴァール（2001）（西田利貞・藤井留美訳（2002））『サルとすし職人』原書房。

フランス・ドゥ・ヴァール（2005）（藤井留美訳（2006））『あなたの中のサル』早川書房。

リチャード・バーン（1995）（小山高正・伊藤紀子訳（1998））『考えるサル』大月書店。

R・バーン、A・ホワイトゥン編（1988）（藤田和生・山下博志・友永雅己監訳（2004））『マキャベリ的知性と心の理論の進化論——ヒトはなぜ賢くなったか』ナカニシヤ出版。

A・ホワイトゥン、R・バーン編（1997）（友永雅己・小田亮・平田聡・藤田和生監訳（2004））『マキャベリ的知性と心の理論の進化論II——新たなる展開』ナカニシヤ出版。


〈類人〉

ロジャー・ファウツ、スティーヴン・タケル・ミルズ（1997）（高崎浩幸・高崎和美訳（2000））『限りなく人類に近い隣人が教えてくれたこと』角川21世紀叢書。

松沢哲郎（1991）『チンパンジーから見た世界』東京大学出版会。

松沢哲郎（2000）『チンパンジーの心』岩波現代文庫［『チンパンジー・マインド』（1991）の文庫版］。

松沢哲郎（2002）『進化の隣人ヒトとチンパンジー』岩波新書。

スー・ラベージ・ランバウ、ロジャー・ルーウィン（1994）（石館康平訳（1997））『人と話すサル「カンジ」』講談社。


〈比較発達〉

板倉昭二（2006）『「私」はいつ生まれるか』ちくま新書。

遠藤利彦編（2005）『読む目・読まれる目――視線理解の進化と発達の心理学』東京大学出版会。

ファン・カルロス・ゴメス（2004）（長谷川眞理子訳（2005））『霊長類のこころ――適応戦略としての認知発達と進化』新曜社。

竹下秀子（2001）『赤ちゃんの手とまなざし――ことばを生みだす進化の道すじ』岩波科学ライブラリー。

明和政子（2004）『なぜ「まね」をするのか』河出書房新社。

山口真美（2003）『赤ちゃんは顔をよむ――視覚と心の発達学』紀伊國屋書店。


〈その他〉

唐沢孝一（2002）『都市動物の生態を探る――動物から見た大都会』裳華房。

［社］日本動物学会関東支部（編）（2001）『生き物はどのように世界を見ているか――さまざまな視覚とそのメカニズム』学会出版センター。

ニコラス・ハンフリー（1986）（垂水雄二訳（1993））『内なる目――意識の進化論』紀伊國屋書店。

ブルース・フォーグル（1990）（増井光子監修／山崎恵子訳（2005））『ドッグズ・マインド――最良の犬にする方法、最良の飼い主になる方法』八坂書房。

村山司（2003）『イルカが知りたい――どう考えどう伝えているのか』講談社。

村山司・中原史生・森恭一（編著）（2002）『イルカ・クジラ学――イルカとクジラの謎に挑む』東海大学出版会。

ユージン・リンデン（1999）（羽田節子訳（2001））『動物たちの不思議な事件簿』紀伊国屋書店。

ユージン・リンデン（2002）（野中香方子訳（2003））『動物たちの愉快な事件簿』紀伊国屋書店。

事項索引

索　引

人名索引

藤田　和生(ふじた　かずお)

京都大学大学院文学研究科教授，理学博士．専門は比較認知科学．

1953 年大阪市生まれ．1976 年京都大学理学部卒業，1982 年同大学院理学研究科（動物学専攻）博士後期課程修了．日本学術振興会奨励研究員，同会特別研究員（PD）を経て，1987 年より京都大学霊長類研究所助手，1993 年同助教授．1996 年京都大学大学院文学研究科助教授を経て，1999 年より現職．

【主な著書】
『比較認知科学への招待——「こころ」の進化学』（ナカニシヤ出版，1998 年），『動物コミュニケーション——行動のしくみから学習の遺伝子まで』（共訳）（西村書店，1998 年），『マキャベリ的知性と心の理論の進化論——ヒトはなぜ賢くなったか』（監訳）（ナカニシヤ出版，2004 年），『マキャベリ的知性と心の理論の進化論——新たなる展開』（共監訳）（ナカニシヤ出版，2004 年），*Diversity of Cognition: Evolution, Development, Domestication, and Pathology*（編）（Kyoto University Press, 2006），ほか．

学術選書

心の宇宙④
動物たちのゆたかな心　学術選書 022

2007年4月10日　初版第1刷発行

著　　者…………藤田 和生
発 行 人…………本山 美彦
発 行 所…………京都大学学術出版会
京都市左京区吉田河原町 15-9
京大会館内（〒 606-8305）
電話（075）761-6182
FAX（075）761-6190
振替 01000-8-64677
URL http://www.kyoto-up.or.jp

印刷・製本…………㈱太洋社
装　　幀…………鷺草デザイン事務所

ISBN978-4-87698-822-8

定価はカバーに表示してあります

学術選書［既刊一覧］

＊サブシリーズ「心の宇宙」→[心]　「諸文明の起源」→[諸]
「宇宙と物質の神秘に迫る」→[宇]

001 土とは何だろうか？　久馬一剛
002 子どもの脳を育てる栄養学　中川八郎・葛西奈津子
003 前頭葉の謎を解く　船橋新太郎　[心]1
004 古代マヤ　石器の都市文明　青山和夫　[諸]11
005 コミュニティのグループ・ダイナミックス　杉万俊夫 編著
006 古代アンデス　権力の考古学　関 雄二　[諸]12
007 見えないもので宇宙を観る　小山勝二ほか 編著　[宇]1
008 地域研究から自分学へ　高谷好一
009 ヴァイキング時代　角谷英則　[諸]9
010 ＧＡＤＶ仮説　生命起源を問い直す　池原健二
011 ヒト　家をつくるサル　榎本知郎
012 古代エジプト　文明社会の形成　高宮いづみ　[諸]2
013 心理臨床学のコア　山中康裕　[心]3
014 古代中国　天命と青銅器　小南一郎　[諸]5
015 恋愛の誕生　12世紀フランス文学散歩　水野 尚
016 古代ギリシア　地中海への展開　周藤芳幸　[諸]7
017 素粒子の世界を拓く　湯川・朝永生誕百年企画委員会編集／佐藤文隆 監修
018 紙とパルプの科学　山内龍男
019 量子の世界　川合・佐々木・前野ほか編著　[宇]2
020 乗っ取られた聖書　秦 剛平
021 熱帯林の恵み　渡辺弘之
022 動物たちのゆたかな心　藤田和生　[心]4
023 シーア派イスラーム　神話と歴史　嶋本隆光